가족사진

개인사진

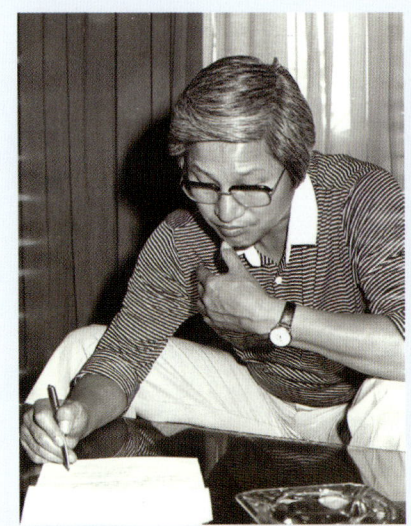

유학시절

부산 지역구 활동

국회의원 사진

우주인 이소연과 함께

해외순방

강연 및 토론회

행사사진

아이들의 꿈과 미래를 위한 활동

우주소년단 활동

출처_월간지 과학과기술 2009년 11월호 인터뷰 자료

영원한 청년 이상희

이상희 생애(生涯)

- 성명: 이상희 (李祥羲, Shang-Hi Rhee)
- 출생: 1938년 7월 10일(음력), 경상북도 청도
- 별세: 2023년 9월 13일 별세, 향년 85세

【학력】

- 서울대학교 약학과 졸업 (1966)
- 서울대학교 대학원 약학박사 (1973)
- 변리사 자격 취득 (1973)
- 미국 조지타운대학 Law School 수학 (1976)
- 미국특허청 심사관 과정 수료 (1976)
- 부산 부경대 명예 경제학 박사학위 (2001)

【주요경력】

- 대한변리사회 회장 (32, 34, 35대, 3회 역임)
- 국립과천과학관 관장 (2009.10 ~ 2011.10)
- 제11대 국회의원 (1981.3 ~)
- 제12대 국회의원 (1985.2 ~)
- 제15대 국회의원 (1996.5 ~)
- 제16대 국회의원 (2000.5 ~ 2004.2)
- 과학기술처 장관 (제11대, 1988.12 ~ 1990.3)
- 국가과학기술자문회의 위원장 (1993.5 ~ 1996.1)

- 국회과학기술정보통신위원회 위원장 (2000.6 ~ 2001.6)
- 한국발명진흥회 회장 (1997.11)
- 한나라당 정책위원회 의장 (1998.4)
- 한나라당 국책자문위원회 위원장 (1999.8)
- 한국영재학회 회장 (1995.2 ~ 2001.11)
- 한국 첨단게임산업협회 회장 (1995.9)
- 한국우주소년단 총재 (1989 ~ 2009)
- 한국영재학회 회장 (1997 ~ 2002)
- 세계한인지식재산협회 초대회장 (2013 ~ 2017)
- 세계한인지식재산협회 이사장 (2018 ~ 2023)
- 대한민국 헌정회 정책연구위원회 의장

【수상내역】

- 청조근정 훈장 (1990)
- 우수국감의원상 - 바른사회를위한시민회의 주최 (2003)
- 장영실과학문화상 대상 (2004)
- Eisenhower Fitness Award - 세계사회체육연맹 (2009)

【저서】

- 《IQ 100의 천재, IQ 150의 바보》 (1996)
- 《과학원 괴짜들, 특허전쟁에 뛰어들다》 (1997)
- 《이제 미래를 이야기합시다》 (1997, 성현출판사)
- 《21세기 대통령감이 읽어야 할 책》(편저, 1997)

- 《돈방석 주부 발명과 창업으로 뛴다》 (1998)
- 《어머니를 위한 영재 뇌 자연발육법》 (1998)
- 《돈방석 대학생 발명과 창업으로 뛴다》 (1999)
- 《창조성과 정신》 (역저, 1999)
- 《발명왕에 도전하기》 (2001)
- 《남다른 발상이 성공을 부른다》 (2001)
- 《꼴찌과학대통령》 (2003)

【주요 입법 활동】

- 유전공학육성법 제정 (1983.12)
- 산업기술연구조합육성법 제정 (1986.3)
- 해양개발기본법, 항공우주산업개발촉진법, 대체에너지개발촉진법 제정 (1987.10)
- 뇌연구 촉진법 제정 (1998.5)
- 영재교육진흥법, 가상교육법 제정안, 생명공학육성법 개정안 (1998 ~ 1999)
- 전자거래기본법, 국가표준기본법 제정 (1999.1)
- Y2K 특별법, 천연물신약연구개발촉진법, 영재교육진흥법 제정 (1999.7 ~ 12)
- 전자정부구현및운영에관한법안, 민족망사업지원법안, 생명공학육성법 개정안 발의 (2000.11)
- 이러닝(e-learning) 산업발전법 (2004.1)
- 국가기술공황예방을위한이공계지원특별법 (2004.3)

발간사

당신의 발자취를 기억합니다

전종학(WIPA 세계한인지식재산협회 회장)

이상희 회장님께서 우리 곁을 떠나신 지 벌써 2년이 흘렀습니다. 많은 분들이 회장님을 장관님이라 불렀지만, 제게는 변리사회 회장님, 그리고 세계한인지식재산협회 회장님이라는 호칭이 더없이 친근하고 따뜻하게 다가옵니다.

저에게 회장님은 단순한 선배나 상사가 아니라, 삶의 멘토이자 든든한 버팀목이셨습니다.

회장님은 일찍이 대한민국의 미래가 지식재산에 달려 있음을 확신하시고, 지식재산제도의 발전과 변리사 역량 강화를 위해 헌신하셨습니다. 오늘날 변리사회가 굳건히 발전할 수 있었던 것도, 바로 회장님께서 다져놓으신 단단한 토대 덕분이라 믿습니다.

"젊은 변리사들의 활동이 미래 지식재산 사회의 밑거름이 될 것"이라 말씀하시며 2008년 청년변리사회를 창립하시고, 저에게 운영을 맡겨주셨던 기억은 지금도 제 마음속에 깊이 남아 있습니다. 그 신뢰와 격려는 저의 성장의 원동력이었습니다.

2013년에는 전 세계 한인 지식재산 전문가들의 역량을 결집해 세계한인지식재산협회(WIPA)를 창립하셨고, 2015년에는 '지식재산의 날' 제정을 이끌어내셨습니다. 이어 2017년에는 국내 여러 지식재산 민간단체들을 하나로 모으는 길을 열어, 대한민국 지식재산 생태계의 큰 틀을 마련하셨습니다.

 저는 곁에서 부회장으로 회장님을 보필하다가, 이제는 그 뜻을 이어가는 회장이 되었습니다. 회장님과 함께한 시간은 저에게 애국의 참된 의미를 일깨워 주었고, 대한민국이 나아가야 할 길, 그리고 그 속에서 제가 맡아야 할 역할을 깊이 성찰하게 만들었습니다.

 많은 분들이 저를 '리틀 이상희'라는 과분한 별칭으로 부르시곤 했습니다. 그만큼 회장님의 사고와 행동, 그리고 전략을 배우려 노력했기 때문입니다. 회장님께서 몸소 보여주신 국가에 대한 헌신과 올곧은 삶의 자세는 회장님과 함께 한 모든 이들에게 국민과 국가를 위해 헌신해야 한다는 사명감을 새겨주셨습니다.

 이 책에 담긴 회장님의 글들은 제가 가까이에서 뵙고 느낀 그분의 정신과 철학을 고스란히 담고 있습니다. 이를 통해 회장님의 숭고한 뜻이 더 많은 이들에게 전해지기를 간절히 바랍니다.

이상희 회장님의 지혜와 열정, 그리고 조국에 대한 한결같은 헌신은 저희 모두의 가슴 속에 영원히 살아 있을 것입니다.

회장님, 편히 잠드소서.

발간사

남겨주신 길, 우리가 걸어갑니다

이경은(녹색삶미래연구소 이사장)

돌이켜보면 아버지께서는 언제나 시대를 앞서가셨습니다. 평생을 과학기술을 통해 국가 발전에 헌신하셨고, 탁월한 통찰력과 비전으로 나라의 미래를 밝히는 등불이 되셨습니다. 끊임없는 도전과 변화를 두려워하지 않는 용기, 그리고 확고한 신념과 열정은 오늘날 대한민국 발전의 든든한 밑거름이 되었습니다.

이번 추모집 발간은 녹색삶미래연구소와 세계한인지식재산협회가 함께 뜻을 모아 추진한 뜻깊은 사업입니다. 아버지의 기고문과 인터뷰, 기사 등을 통해 시대를 앞서간 혜안과 국가와 사회를 향한 헌신의 발자취를 다시금 되새기며, 그 정신을 기록으로 남기고자 합니다.

녹색삶미래연구소의 전신인 '녹색삶지식원'은 아버지께서 1987년에 창립하시어 과학기술, 환경, 인재 양성을 위한 다양한 활동을 이어오셨습니다. 저는 그 정신과 유지를 계승하여 새로운 운영진과 함께 내부를 정비하고, 오늘의 녹색삶미래연구소로 새롭게 재탄생시켰습니다. 이는 아버지의 뜻을 오늘의 시대에 맞게 발전시켜, 다음 세대와 사회 전체를 위한 공익적 가치로 확장해 나가겠다는 저의 다짐이기도 합니다.

저희 가족에게 아버지의 삶은 크나큰 자랑이자 귀한 유산이지만, 이제 그 정신은 대한민국과 미래 세대가 함께 기억하고 계승해야 할 소중한 자산이라 생각합니다. 녹색삶미래연구소는 그 뜻을 이어받아, 급변하는 시대 속에서도 세대 간의 공감과 사회통합을 실천하며, 정책 연구와 교육, 공익 프로그램의 확산을 통해 지속 가능한 미래를 구체적으로 구현해 나가겠습니다.

이 책이 단순한 과거의 기록을 넘어, 앞으로 우리가 나아갈 길을 비추는 밝은 등불이 되기를 바랍니다. 뜻깊은 발간을 위해 함께해 주신 세계한인지식재산협회 전종학 회장님과 지식재산 전문미디어 아이피데일리 주상돈 대표이사님, 이가희 박사님, 그리고 지면상 일일이 직함과 성함을 열거할 수 없지만, 도와주신 모든 분들께 진심으로 감사드립니다.

녹색삶미래연구소는 앞으로도 아버지께서 꿈꾸셨던 밝고 지속 가능한 미래를 향해, 한결같은 마음으로 최선을 다하겠습니다. 아버지의 정신이 시대를 넘어 더 많은 이들에게 용기와 영감을 전하기를 간절히 기원합니다.

유족 대표 인사말

사랑하는 아버지

이경아(장녀)

사랑하는 아버지를 떠나보낸 지 어느덧 2년이 흘렀습니다.

아버지께서는 바쁜 일정 속에서도 늘 가족과 주변 사람들에게 따뜻한 마음을 나누셨고, 언제나 묵묵히 자신의 길을 걸어가셨습니다. 엄격함 속에도 깊은 애정이 있었으며, 자녀와 제자, 후배들에게 더 큰 세상과 높은 뜻을 품도록 이끌어 주셨습니다.

건강이 악화된 이후에도 "아직 해야 할 일이 많다"는 말씀을 남기시며, 끝까지 자신의 자리에서 역할을 다하셨던 그 모습은 저희 가족뿐 아니라 함께하신 많은 분들의 마음속에 깊이 새겨져 있습니다.

이번 추모집은 아버지를 존경하고 그리워해 주신 많은 분들의 정성과 마음이 모여 완성되었습니다. 책 속에는 한 사람으로서, 그리고 한 가장으로서 보여주신 아버지의 진심과 발자취가 고스란히 담겨 있습니다.

저희 가족은 이 책이 단순한 추모의 기록을 넘어, 아버지께서 남기신 삶의 가르침과 따뜻한 정신이 다음 세대까지 이어지는 소중한 매개가 되기를 간절히 바랍니다.

끝으로, 아버지를 추모하며 귀한 마음을 나누어 주신 모든 분들께 깊이 감사드립니다. 하늘에서도 아버지께서 여러분의 사랑과 존경을 기쁘게 받으시리라 믿습니다.

CONTENTS

발간사 – 당신의 발자취를 기억합니다 ・37
발간사 – 남겨주신 길, 우리가 걸어갑니다 ・40
유족 대표 인사말 – 사랑하는 아버지 ・42

제1부 … 미래는 지식전쟁 시대

보이지 않는 전쟁 ・51
지식 식민지로 전락할 것인가? ・56
관리 행정과 권력 정치의 싸움 ・60
디지털 vs 아날로그와 교육 대전(**大戰**) ・64
이공계 기피 현상과 수능 전쟁 ・68
[인터뷰 요약]
−링컨·대처 '이공계 육성'처럼 과학기술 발전 토대 마련해야" ・72

제2부 … 전쟁에 이기는 비법(秘法)은?

영웅은 창의성에서 탄생한다 ・77
과학관을 넘어, 창의력 발전소로 ・83
국가 전략의 컨트롤 타워를 세워라 ・88
지역 블록화에 대응한 특허 FTA ・92
글로벌 전쟁 대응한 소송 공동대리(共同代理) ・97
[인터뷰 요약]
−변호사만으론 세계 지적재산권 전쟁에서 이길 수 없다 ・101

제 3 부 ··· 우리만의 블랙오션으로!

떠오르는 거대 권력 블랙오션 ・109
차세대 미래 산업 바이오(BT) ・113
풀뿌리 과학 문화 '1국민 1발명 운동' ・118
[인터뷰 요약] 청년 창업에 미래 있다 ・122
국방력과 산업 경쟁력을 동시에 ・127
[기사 요약] 다시 주목받는 '10만 해커 양병설' ・131
생존의 필수 조건, '지식재산입국' ・133
[기사 요약] 지식재산(IP) 강국을 향한 열정,
 - 이상희 前 회장 별세 향년 85세 ・139

제 4 부 ··· 추모 헌정의 글

나의 동지이자 선배, 故 이상희 장관을 그리며 ・147
시대를 앞서간 거인, 지식재산강국의 선구자를 기리며 ・149
언제나 내일을 사셨던 이상희 선생을 그리며 ・151
선구자의 길 위에서 ・153
스승의 가르침, 지식재산의 길잡이 ・155
이상희 장관님, 청소년의 꿈을 우주로 열다 ・157
녹색삶으로 미래를 선도하신 이상희 박사님을 경모합니다 ・159

CONTENTS

이상희 과기처 장관님, 시대를 앞서 본 혜안과 함께한 길 ・161
선각자의 눈빛, 낭만의 기억 ・163
과학입국의 뜻을 가르쳐주신 스승, 이상희 장관님을 그리며 ・166
늘 꿈꾸는 사람의 설득력 ・169
영재교육의 선구자와 함께한 30년 ・172
열정과 책임으로 빛난 이상희 선배님 추모 2주기에 부치는 글 ・174
故 이상희 회장님 서거 2주년 기념 추도사 ・176
지식재산 강국의 초석을 놓으신 이상희 장관님을 기리며 ・179
과학기술 강국의 뜻을 이어 ・181
국가 비전을 나눈 벗, 이상희 장관님을 추모하며 ・183
명석한 두뇌, 영롱한 눈빛을 기억하며 ・185
크게 생각하고 늘 깨어있어라 ・187
백발의 신사, 창의와 열정의 아이콘, 故 이상희 장관님을 기리며 ・189

제1부
미래는 지식전쟁 시대

-

수십 년 전,
그가 던졌던 질문과 답이
오늘날 대한민국에 절실하게 다가온다!

보이지 않는 전쟁

역사의 흥망성쇠 속에서 수많은 국가가 대국(大國)으로 성장하기를 원했다. 먼 옛날 광개토대왕의 꿈도 그러했을 것이다. 시대 변화에 따라 대국의 모습도 달라지고 있다. 과거 총과 칼로 무장하고 영토 확장, 식민지 쟁탈전을 통해 대국을 이루고자 했다면 오늘날은 창의적 지식재산(IP)을 앞세워 디지털 대국을 만들려 하고 있다. 그래서 이상희 장관은 "북핵이나 독도 문제는 과거와 크게 달라진 것이 없지만, 지식재산권의 위상은 '전쟁과 평화만큼'이나 달라졌다"라며, "세계는 이미 지식재산권의 패권 경제로 급변했다"고 경고한다.

오늘의 국가 경쟁력은 군사력이 아니라 보이지 않는 지식재산권, 지재권이다. 문제가 된 환율도 결국은 지재권으로 귀결된다. 지난날 전 세계를 공포로 몰아넣었던 신종플루, 인류 최후의 전쟁으로 일컫던 바이러스 전쟁에도 세계는 '타미플루' 특허권 효력을 정지시키지 못해 무기인 치료제 공급에 차질을 빚었다.

유일무이한 독점배타적 권리를 강대국이라고 해서 함부로 무력화시킬 수 없었을 뿐 아니라 이로 인한 경제적 문제가 고스란히 환율에 영향을 끼

쳤다. 지재권 문제는 협상 대상이 아니다. 꽃 한 송이에도 로열티가 있고, 양식 어류 한 마리 가격에도 기술료가 포함되어 있다. 이것이 특허의 위력이다.

−2010년 매일경제 '환율의 뿌리는 지식재산권' 컬럼에서

이상희 장관은 세계 경제 환경을 전쟁 상황으로 자주 묘사한다. '특허전쟁', '지식재산 경제 전쟁', 그리고 가장 상징적인 '지재권의 임진왜란'과 같은 표현들이 반복적으로 등장한다. 실제로 '특허전쟁'이라는 용어는 국가 간 경쟁이 더 이상 총칼이 아닌, 인간의 창조적 두뇌 활동의 산물인 지식재산을 통해 이루어지고 있음을 의미한다. 이러한 표현은 단순히 상황의 심각성을 강조하는 것을 넘어, 지식재산 문제를 국가 안보와 주권의 문제로 격상시켜 국민적 대응을 촉구하는 강력한 유인책으로 작용한다.

특히 일본의 경우는 '드라큘라 경제'라는 충격적인 비유로 설명된다. 한국이 사상 최대의 무역 흑자를 기록했음에도 불구하고, 대일 무역수지는 사상 최대의 적자를 기록한 현실을 지적하며, 이는 마치 일본이 한국의 무역 흑자를 몽땅 삼키는 드라큘라와 같다고 묘사한다.

지식재산권이 침투해서 경제적 이익을 챙기는 시대에 우리나라도 이미 '지재권의 임진왜란'이 전개되고 있다고 보면 무리일까? 지난해 일본이 가져간 244억 달러가 바로 지재권 임진왜란의 피해액이 될 수 있다. 만약 우리가 일본 지재권의 두뇌 식민지로 되어가고 있다면 얼마나 경악할 일인

> 가. 몸통의 생산기지는 중국에 뺏기고 머리의 지재권 기지는 일본에 뺏기면 우리의 미래는 암담할 뿐이다.
>
> 소위 '지재권 임진왜란'을 이기는 길은 거북선처럼 일본보다 한 수 우위의 지재권을 우리 머리에서 만드는 것이다. 이를 위해서는 이순신(李舜臣) 같은 창의적 인재를 양성·발굴·활용할 수 있어야 하며, 그것이 가능한 국가시스템을 만들어야 할 때이다.
>
> —2005년 조선일보 '지적재산권 임진왜란' 컬럼에서

이상희 장관이 '지재권 임진왜란'이라는 표현을 선택한 것은 결코 우연이 아니다. 임진왜란은 한국 역사상 가장 깊은 상흔을 남긴 외세의 침략이자, 동시에 국민적 저항과 극복의 상징이다. 이 역사적 사건을 현대의 추상적인 경제 문제에 대입함으로써, 지식재산 종속이라는 위협을 국민들이 직접 체감할 수 있는 구체적이고 감정적인 국가적 위기로 전환시키는 효과를 낳는다. 실제로 '특허전쟁'의 핵심적인 위협은 한국 산업이 가진 깊은 기술 종속성, 특히 일본과 미국에 대한 의존성으로 구체화된다. 이로 인해 한국은 일본의 '경제 식민지'나 '두뇌 식민지'가 될 수 있다는 극단적인 위기감이 표출된다.

> 한국이 일본의 경제식민지나 두뇌 식민지가 될 가능성은 얼마나 될까? 우리 국민은 36년간 일본의 영토적 식민지가 됐던 것을 생각만 해도 생리적인 알레르기가 생긴다. 그러나 다시 일본의 두뇌 식민지가 되지 않으려면 우리 정부가 일본 정부의 생각과 정책에 더욱 민감해야 한다. 나라의 머

> 리가 정부이기에 정부의 생각과 정책에 따라 운명이 결정된다. 일본 내각의 비법을 이기는, '이순신(李舜臣) 장군 전략'을 만들고 실천할 때 우리나라의 앞길에 희망의 등불이 켜질 것이다. FTA도 그런 측면에서 대응해야 한다.
>
> —2006년 중소기업뉴스 '일본경제를 넘으려면' 컬럼에서

우리 민족의 역사적 수난은 거대한 역사적 파고에 편성하지 못하고 조난당했기 때문이다. 우리는 조선조 말 산업혁명의 거대한 역사적 파고를 외면한 채 안방의 사색당쟁에 빠져 변방으로 밀려나고 결국 일본의 식민지로 전락했다. 그리고 오늘날 역사의 거대한 물줄기는 이제 특허전쟁 시대로 휘몰아치고 있다.

이 장관은 역사적 위기 상황을 타개하기 위한 해법도 명확하게 제시한다. 바로 일본보다 한 수 위의 지식재산을 우리 머리에서 만들어내는 것이다. 이는 임진왜란 당시 이순신 장군이 압도적인 수적 열세를 '거북선'이라는 당대 최고의 기술력으로 극복했던 역사적 사례에 비유된다. 이순신과 같은 창의적 인재를 양성하고, 그들이 능력을 발휘할 수 있는 국가 시스템을 구축하는 것이 '지재권 임진왜란'에서 승리하는 유일한 길이라는 것이다.

> 한국 역사에서 가장 불행했던 시기가 농업사회에서 산업사회로 바뀌던 때였다. 당시 이웃 일본은 메이지(明治) 유신을 해서 산업국가로 변모에 성공했다. 반면 우리는 외국에서 배가 오면 병인양요다, 신미양요다 하면서 보수와 쇄국을 외쳐 역사의 흐름을 외면했다. 그 결과 일본의 식민지가

됐다. 오늘날은 산업사회에서 지식사회로 넘어가는 커다란 전환기다. 이렇게 중요한 시기에 우리가 제대로 하지 못하면 과거 불행했던 역사를 되풀이할 수 있다. 그때는 일본의 식민지가 됐지만 지금은 중국의 식민지가 될 수도 있다.

산업사회에서 지식사회로 신속하게 가야만 과학기술을 통한 경제발전을 이루고 사회문제를 해결할 수 있다. 이를 위해 앞으로 우리 사회에서 필요한 인재상도 산업형 인재에서 지식사회를 이끌 수 있는 창조형 인재로 바뀌어야 한다.

-2015년 중앙일보 "청년 창업에 미래 있다" 인터뷰에서

지식 식민지로 전락할 것인가?

이상희 장관의 비전은 대한민국이 제조업 중심 경제의 한계를 넘어 '지식재산입국(知識財産立國)'으로 거듭나야 한다는 절박한 소명 의식에 뿌리를 두고 있다. 그가 강조하는 지식재산입국 어젠더는 주요 경쟁국과의 비교 분석을 통해 더욱 설득력을 지닌다. 이는 한국이 처한 현실을 직시하고, 우리도 변화를 더 이상 미룰 수 없다는 공감대를 형성하기 때문이다.

분명한 것은 지식재산, 특허가 세계 경제와 국가 체제의 핵심이 되었다는 사실이다. 한국이 산업혁명을 외면해 영토 식민지가 되었던 것처럼, 이제 지식혁명을 외면하면 또다시 지식 식민지로 전락할 것이라고 그는 경고했다.

> 분명 선진국들은 지식재산 혁명을 소리 없이 추진하고 있다. 미국 500대 기업의 자산은 이미 70% 이상이 무형의 지식재산으로 구성되어 있다. 기업의 주가 또한 연구개발의 결과물인 지식재산 특성에 따라 등락이 결정되고 있다. 미국은 지식재산 선두주자인 IBM의 지식재산 책임자를 특허

청장에 임명했다. 이웃 일본은 지적재산기본법을 제정해 총리가 위원장인 지적재산위원회가 일본을 지식재산형 국가로 재창조하는 혁명위원회 역할을 하고 있다. 우리나라도 교육과 국방을 지식재산 생산 현장으로, 4대강 지식벨트는 지식재산 대동맥으로, 그리고 정부 조직은 지식재산 기획·관리체제로 대한민국 주식회사의 재창조가 절실한 때다.

- 2009년 중앙일보 '지식재산 혁명과 국가 재창조' 칼럼에서

이상희 장관은 미국이 거대한 지식재산 혁명을 국가 재창조에 활용하는 데 주목했다. 실제로 지난 2011년 9월, 미국은 60년 만에 혁명적 특허행정과 법 개정을 단행했다. 이를 통해 1790년 특허청 설립 이후 지금까지 200년 넘게 고수했던 선발명주의를 포기하고 선출원주의로 전환했다. 특허 출원에 시장의 경쟁적 효율성을 도입하기 위한 것이다.

오바마 대통령은 2011년 특허법 개정안을 미국 최고의 공립학교인 토머스 제퍼슨 과학기술고등학교에서 서명했다. 서명 전 연설에서 오바마 대통령은 앞으로 학생들의 머리가 특허를 생산하는 두뇌공장이 돼야 하고, 학생들이 과학기술과 지재권에 대한 전문가가 돼야 세계 특허전쟁에서 승리할 수 있다고 강조했다. 문제는 막상 미국에 도착해 직접 현장을 목격하고 그 열기를 느끼니 실로 가슴이 두근거리면서, 또 한편으로 우리의 현실을 생각하니 가슴이 답답했다. 오늘의 지식기반사회, 지식경제사회에서는 지식재산권, 특허가 곧 국가의 경쟁력과 미래를 결정짓는다.

-2011년 세계일보 '세계는 특허전쟁' 칼럼에서

일본의 '지적재산입국(知的財産立國)' 전략은 한국이 모방해야 할 모델인 동시에 직접적인 위협으로 그려진다. 실제로 일본은 일찌감치 '지적재산기본법'을 제정하고, 총리를 본부장으로 하는 '지적재산전략본부'를 내각에 설치해 국가 차원의 전략을 총지휘하고 있다.

> 일본의 국가개혁은 과연 우리와 어떤 차이가 있을까? 일본이 제정한 '지적재산기본법'은 지적재산의 국가적 생산·관리·수출 촉진을 규정하고 있다. 또 지재권의 생산을 촉진하기 위해 도쿄(東京)국립대학교조차 '국가의존형 국립'을 탈피하고 '지재권 의존형 자립 대학'으로 개편했다.
>
> 지재권의 효과적 관리를 위해 700만 명의 지재권 전문인력 양성은 물론 로스쿨 도입, 기술판사 도입, 그리고 지적재산고등재판소 설치를 추진하고 있다. 지재권 수출 촉진을 위해서는 지재권 수출보험제도를 이미 도입, 시행하고 있다. 입법부조차 지적재산제도 의원연맹을 만들어 초당적 입법 활동을 하고 있다. 최근에는 우리의 새마을운동에 버금가는 지적재산 국민 문화운동을 전개하면서 아예 헌법에도 지재권을 폭넓게 명시하는 방향으로 마무리되고 있다.
>
> −2005년 조선일보 '지적재산권 임진왜란' 칼럼 중에서

중국의 '과교흥국(科敎興國, 과학과 교육으로 나라를 일으킨다)' 전략도 또 다른 차원의 위협으로 제시된다. 실제로 중국은 2010년도 상표출원은 100만 건을 넘으며 세계 최다를 기록했고, 특허출원도 39만 건을 넘어 미국에 이어 세계 2위로 급부상했다. 한동안 2위를 고수하던 일본을 단숨에 넘어버렸다.

> 불과 몇 년 전만 해도 짝퉁천국으로 불리던 중국이 지식재산 경쟁에서 발 빠르게 치고 나가고 있다. 자본주의 역사가 일천한 중국이 이처럼 지식재산 선진국이라 불리는 미국, 일본, 유럽과 어깨를 견줄 만큼의 비약적 발전을 하게 된 원동력은 무엇일까? 중국은 '지식재산권'을 국가경쟁력의 핵심전략으로 삼았다. 2008년 국무원총리 직속의 국가지식산권국을 설치해 지식재산 총괄기능의 강력한 행정체계를 갖추었다. 과교흥국(科敎興國)·과기흥무(科技興貿)의 국가전략이 드디어 지재창출(知財創出)의 지식창조형으로 전환되고 있는 것이다.
> —2011년 세계일보 '한국이 가야 할 길은 지식국가' 컬럼에서

이상희 장관은 "우리가 가야 할 길은 분명 지식재산국가"라고 단언한다. 내부의 문제로 투쟁과 갈등을 반복하는 제로섬 게임보다는 국민의 우수한 머리로 절대 파이를 키우는 지식기반사회로 나아가야 한다는 것이다. 이를 통해 우리나라는 두뇌경제 영토를 넓힐 수 있다. 하지만 기회를 잡지 못하면 한국은 또 다른 두뇌 식민지가 될 수도 있다고 경고한다.

관리 행정과 권력 정치의 싸움

이상희 장관은 한국의 행정이 '지원과 조장' 중심의 '기술 행정'이 아닌, '지시와 규제' 중심의 '관리 행정'에 머물러 있다고 비판했다. 또한 정치가 생산적인 정책 경쟁이 아닌 소모적인 '권력 정치'에 매몰되어 국가 발전을 가로막고 있다고 보았다. 그는 과학기술자가 정치에 적극적으로 참여하여 정책 결정 과정의 전문성을 높여야 한다고 믿었으며, 중국 지도부에 이공계 출신이 많은 점을 국가 발전의 원동력 중 하나로 꼽았다. 그의 4선 의원과 장관 경력 자체가 이러한 신념의 실천이었다.

> 우리나라는 물론 전 세계가 불황의 늪에서 헤어나지 못하는 가운데서도 중국대륙의 작은 섬나라 대만 정부와 기업은 퍼스컴 등 기술 중심의 정보 산업 중소기업으로, 기술변화의 앞을 내다보는 강력한 정책으로 무역흑자를 출산하고 있다.
> 관리 행정이 아닌 기술 행정, 권력 정치가 아닌 기술 정치로 역사의 앞을 적극적으로 대응했던 대만이었기에 70년대만 하더라도 우리보다 10년 이상 뒤처졌다는 평가에서 이제 지난해 국민소득 1만 달러의 선진국 티켓을

먼저 손에 움켜쥐고 우리를 10년가량 추월하고 있다는 평을 듣는 「큰 나라」가 되어가고 있는 것이다.

　스위스 일본 대만이 큰 나라가 될 수 있었던 것은 결국 불확실성과 단절의 시대에 역사의 앞을 정확히 보는 눈을 갖고 있었기 때문이다. 현행 우리의「당해연도 예산제도」와 비교할 때 스위스의 다연도 예산제도는 '구름과 안개' 속에서도 오히려 시계를 멀리 넓게 가지고 연구할 수 있도록 제도화했다는 점이 큰 나라 스위스의 강점이다.

—1993년 매일경제 '작은 나라…큰 나라' 컬럼에서

　이 장관은 정부와 경제의 바람직한 관계를 설명하기 위해 인체의 비유를 즐겨 사용했다. 그는 쑨원과 마하티르 등 의사 출신 지도자들의 성공 사례를 들며, 국가 경영이 신체 생리와 유사하다고 설명했다. 건강한 신체에서 뇌가 심장 박동이나 소화 활동을 일일이 간섭하지 않고 자율성을 존중하듯이, 선진국형 정부는 시장의 자율성을 최대한 보장한다는 것이다.

　반면, 근로시간이나 임금 등 기업 활동에 사사건건 개입하는 정부는 몸통의 자율성을 침해하여 국가 경제에 '정신분열증'이나 '우울증'을 유발하는 후진국형 정부라고 비판했다. 이는 자유시장경제 원칙에 대한 그의 신념을 과학적이고 생물학적인 은유를 통해 설득력 있게 제시한 것이다.

　우선 신체 구조를 보면 머리통은 뇌 등 중추신경계 영역으로서 국가의 중앙정부 조직에 해당하고, 몸통은 주로 오장육부 등 자율신경계 영역으로서 지방자치 조직에 해당된다. 선진국과 후진국의 머리통은 종합적 사고방식에 엄연한 차이가 있다. 선진국은 미래지향적·합리적·창의적 사고의 선진국형 사고가 기본 바탕이고, 후진국은 과거지향적·갈등적·소모적 사고의 후진국형 사고가 기본 바탕이다.

따라서 선진국은 중앙행정이 지방자치행정에 철저한 자율적 자치를 보장해준다. 신체도 국가와 마찬가지다. 대뇌는 오장육부의 자율신경기능을 존중해주고 불필요한 간섭을 하지 않는다. 지방자치 영역인 몸통의 오장육부, 즉 폐, 간, 심장 등은 시장경제를 주도하는 각종 기업들, 즉 정보통신 기업, 각종 제조업, 환경 기업, 금융 기업 등에 해당한다.

우리 신체 생리를 보면 머리통인 중앙정부가 몸통인 각종 기업들에 근로 시간, 연구 시간, 최저임금 등에 일절 간섭하지 않을 뿐 아니라 오히려 경영 자율성을 신장시켜준다. 신체의 대뇌가 후진국형 사고에 장기간 빠져 있으면 대뇌 기능 자체에 정신분열증, 우울증, 신경과민증, 치매 등 병적 증상이 발생하게 된다. 마찬가지로 중앙정부 기능에 이 같은 병적 증상이 있다면 국내 행정은 물론 국제 외교에서도 후진국형 사고의 각종 정책으로 불신과 혼란에 빠질 것이다.

-2019년 매일경제 '쑨원·마하티르 리더십의 공통점' 컬럼에서

이 장관의 다채로운 경력은 연구개발 실험실에서부터 특허청, 법정, 국회, 그리고 글로벌 시장에 이르기까지 혁신 생태계 전체를 관통하는 '전체 시스템적 관점(Whole-System Perspective)'을 부여했다. 그가 교육 개혁, 법률 개혁, 산업 정책을 항상 하나의 연결된 문제로 다루는 이유가 바로 여기에 있다.

무엇 때문에 인간이 수많은 동물 중에서 으뜸이 되었을까? 힘도, 덩치 때문도 아니다. 오로지 문학, 예술, 과학 등을 창조할 수 있는 머리 때문이다. 즉, 인간의 창조적 두뇌활동으로 인류 역사는 발전적 변화를 해 온 셈이다.

그렇다면 우리 경제는 인간의 창조적 두뇌활동을 가능하게 하는 시스템을 갖추고 있는가? 최근 정부는 "경제시스템의 획기적인 개선을 이루지 못할 경우 장기침체의 늪에 빠질 소지도 배제하기 어렵다"고 경고한 바 있다.

우리 경제를 살리는 방법은 여러 가지가 있을 수 있겠지만, 가장 시급한 것은 경제시스템을 개선하는 것이다. 특히 오늘날의 지식기반사회, 두뇌기반사회에 적합한 시스템으로 운용한다면, 즉 국민 개개인의 머리에서 발명이 가능하고, 특허를 생산하고, 그리고 이 같은 지적재산을 수출까지 할 수 있다면 나라경제는 당연히 좋아질 수밖에 없다.

– 2005년 부산일보 '머리로 먹고 살아야!' 컬럼에서

결국, 이 장관에게 법률 개정은 국가 혁신 시스템이라는 거대한 인프라의 핵심 구성 요소를 수리하고 개선하는 작업이었다. 그는 법을 단순히 분쟁을 해결하는 정적인 규칙이 아니라, 경제와 기술 발전을 능동적으로 촉진하는 '동적인 도구'로 인식한 것이다.

디지털 vs 아날로그와 교육 대전(大戰)

이상희 장관은 한국 교육이 겪는 어려움의 본질을 새로운 세대와 방법론의 충돌로 파악하는 날카로운 통찰을 보여주었다. 그는 오늘날의 학생들을 게임과 영상에 능숙한 '디지털 원주민(digital natives)'인 데 반해, 교육 행정가와 교사들은 '아날로그 세대'로 규정했다. 이는 교육 문제의 원인을 학생이 아닌 낡은 교육 방식에서 찾은 것으로, 당시로서는 매우 혁신적인 관점이다.

세계 각국은 창의적 인재 양성에 사활을 걸고 있다. 미국 오바마 대통령이 최우선 역점사업으로 내세우는 혁신교육의 핵심도 바로 창의성이다. 지난달 오바마 대통령은 미국 교육정책의 목적이 과학·기술·공학·수학 등 4개 과목(STEM)에 대한 적극적인 흥미를 유발하는 새로운 교육기법의 개발이라 밝혔다.

우리의 교육열은 OECD 국가 중 최고일지 모르나 학생들의 창의력은 분명 하위다. OECD 국제학생평가(PISA)에서 우리 학생들의 과학적 흥미도가 57개국 중 55위를 차지했다. 디지털 원주민인 우리 학생들이 더 이

> 상 아날로그식 교육에는 흥미를 느끼지 않기 때문이다. 흥미가 없는 곳에 창의성이 생길 리 만무하다. 그렇다면 무엇으로 흥미를 끌어낼 것인가? 그것은 바로 청소년들이 열광하는 게임과 영상이다. 제갈공명이 동남풍을 등에 업고 적벽대전에서 승리했듯이 청소년들의 게임과 영상에 대한 열정을 교육 대전(大戰)의 '시대적 동남풍'으로 업자는 말이다.
> —2010년 조선일보 '우리 아이들이 제2의 다빈치가 되는 길' 칼럼에서

결국, 교육의 패러다임을 바꿔야 한다. 이 장관은 디지털 세대인 우리 학생들이 열광하는 게임, 영상, 온라인을 교육에 적극적으로 접목해야 한다고 주장했다. 그는 이를 적벽대전에서 제갈량이 활용했던 '동남풍(東南風)'에 비유하며, 이 시대적 흐름을 타야만 '교육 대전(大戰)'에서 승리할 수 있다고 역설했다. 교육 콘텐츠를 게임화하고 영상화하여 학생들의 호기심과 흥미를 유발함으로써, 타율적 학습이 아닌 자율적이고 창의적인 학습 환경을 조성해야 한다는 것이다.

> 우리 아이들은 게임과 영상에 열광하는 디지털 원주민이다. 그런 아이들을 가르치는 우리 교육은 아날로그식에 머물러 있다. 아이들이 호기심을 잃어 가고 마음이 황폐화되는 것은 어쩌면 너무나도 당연한 일이다. 그런 아이들에게서 오늘날의 화두인 창의성을 기대하기는 어렵다. 사교육비가 경제협력개발기구(OECD) 평균치의 네 배에 달하는 우리가 왜 노벨상 수상 과학자 하나, 스티브 잡스 같은 창의적 과학 인재 하나 배출하지 못하는지 안타깝기만 하다.
> 산업사회의 견인차가 원자력발전소였다면 오늘날 지식기반사회의 견인

> 차는 창의력 발전소다. 노동력과 생산성이 아닌 창의성이 기업과 국가의 경쟁 우위를 결정한다. 창의성은 정형화된 사고의 틀이나 단순한 지식의 전달만으로는 결코 얻어질 수 없다.
>
> 그래서 빌 게이츠, 잡스, 제임스 캐머런 등 창의적 인재 3인방이 대학을 중퇴하고 호기심과 상상력의 세상으로 뛰쳐나가지 않았을까. 최근 미국도 호기심과 상상력을 자극하기 위해 'Educate to Innovate(혁신교육)'란 캠페인을 통해 아날로그식 정형적 교육의 틀에서 벗어나 게임과 영상 등을 활용한 디지털 교육기법 개발에 열을 올리고 있다.
>
> −2010년 중앙일보 '창의력 길러줄 '두뇌발전소' 양성해야' 컬럼에서

이상희 장관은 '영재' 개념은 단순히 IQ가 높거나 시험 성적이 우수한 학생에 국한되지 않았다. 그가 생각하는 영재성은 정형화된 틀에 대한 도전 능력과 호기심에 기반한 창의력 그 자체이다. 따라서 '특정 소수'의 엘리트 교육을 넘어 '불특정 다수'의 국민 모두가 창의성을 발휘할 수 있는 문화를 만드는 것이 영재 교육의 궁극적 목표이다. 이러한 철학은 이 장관이 주창한 '1국민 1발명 운동'이나 과학관의 대중화 노력과 직접적으로 연결된다. 이상희 장관에게 영재교육은 엘리트 양성이 아닌, 사회 전반의 '창의성 문화'를 조성하는 것이다.

> 일부 전문가들은 자연과학적 사고는 좌뇌가, 인문학적 사고는 우뇌가 담당한다고 한다. 수학 문제 풀이마저 암기식으로 배우는 우리 교육은 산업사회식의 좌뇌 교육에 편중돼 왔다. 게다가 철학·예술·체육 등의 인문

예술분야가 입시제도에 밀려나게 되면서 청소년들은 우뇌 쪽의 감성이 더욱 메마른 편향적 사고를 키우게 되고 결국 모험과 실패를 두려워하는 나약한 존재가 됐다.

  우리 교육을 위한 희망 백신은 첫째 남성과 여성이 서로 사랑해 2세를 출산하듯 인문학을 강화해 좌뇌와 우뇌의 조화로운 발달을 통해 긍정적·창의적인 사고를 배양토록 하는 것이다. 두 번째는 온라인(On-Line)과 오프라인(Off-Line)을 아우르는 시공을 초월한 무한대의 야생 교육공간을 조성하는 것이다. 야생동물처럼 자율학습, 현장학습, 새로운 인간관계 형성을 통해 아날로그 세계와 디지털 세계를 모험적으로 넘나들면서 생존 면역력과 지적 창출 능력을 배양토록 해야 한다. 과학의 달 4월을 맞아 우리 청소년들이 과학관이라는 야생 방목장에서 생존 면역력과 창의력을 키울 수 있는 교육 변혁의 새로운 계기가 마련되기를 바란다.

-2011년 중앙일보 '창의력 발전소 처방전' 컬럼에서

이공계 기피 현상과 수능 전쟁

　이상희 장관은 우리나라가 유지해온 결함 있는 교육시스템을 국가적 문제인 '이공계 기피' 현상의 근본 원인으로 지목했다. 그는 서울대학교 공과대학 박사 과정조차 정원 미달 사태를 겪는 현실을 개탄하며, 학생들이 이공계 진로에서 '비전이 보이지 않는다'고 느끼는 것이 문제의 핵심이라고 진단한다.

> 　얼마 전, 최고급 이공계 인력의 산실인 서울공대의 박사과정 신입생 선발에서 14개 학부 가운데 6개 학부의 지원자가 정원에 미달했다. 그것도 2009년부터 3년째 대규모 미달 사태라 한다. 이유인즉 '이공계 전공자로서 이 나라에서는 비전이 보이지 않는다'는 것이다. 주역은커녕 전문성조차 살릴 수 없는 현실에서 어쩌면 이공계 기피현상은 우리 학생들의 현명하고도 현실적인 판단일지도 모른다.
> 　최근 대한민국호가 역사의 항해를 하는데 대형 사건·사고들이 있었다. 천안함, 연평도사태, 구제역 파동 등의 해결을 위해서는 이공계의 전문성이 필수적이다. 그러나 정작 전문성을 갖춘 이공계는 문제 해결의 중심에 없다. 그래서 비슷한 문제가 재발하고 문제 해결 과정에서 우왕좌왕하는

모습을 보였던 것은 아닐까.

　대한민국호가 진정 최신의 첨단 전자 항공모함이 되고자 한다면 이제는 그에 걸맞게 이공계 전문가들이 주역이 되는 국가 경영 시스템을 시급히 갖추어야 한다. 올해 4월 출범예정인 국가과학기술위원회에 더 많은 이공계 민간 전문가를 영입하는 것은 물론 국가 경영 전반으로 이공계 전문인력의 진출이 활발해지도록 국가 경영 시스템을 개선해야 한다.
　　　　　　　－ 2011년 세계일보 '이공계는 '대한민국號의 동력' 컬럼에서

　이 장관은 한국 교육의 가장 큰 문제점으로 '입시'와 '취업고시'에 종속된 경직성을 꼽았다. 그는 이러한 교육을 밤샘 공부에 의존하는 '노동집약적 교육'이라 비판하며, 심지어 컴퓨터 활용 능력조차 부족한 '컴맹'을 양산하고 있다고 개탄했다. 심지어 1993년 수능시험이 처음 도입되었을 때, 그는 평소 성적은 낮았지만 창의력과 추리력이 뛰어난 학생들이 암기 위주의 학생들보다 높은 점수를 받은 현상을 긍정적으로 평가하며, 이를 교육 혁신의 출발점으로 삼아야 한다고 주장했다.

　교육의 일대 지각변동을 예고하며 치러진 대입수학능력 시험은 정보화 사회로 가는 미래교육의 한 좌표였다. 이 시험 결과 특히 주목되는 점은 전반적으로 '암기 노력형'보다 '독창적 창의형'의 학생이 더 많은 점수를 따내고 있다는 사실이다. 학급에서의 석차는 뒤떨어지나 창의력이 뛰어나고 다방면에 추리력 연상력 논증력 등 과학적 사고능력이 우수한 학생이 평소 이들보다 「많이 외워」 성적면에서 앞섰던 암기 위주의 단순 노력형을 되레 앞지른 것은 일면 다행스럽기조차 한 일이다.

> 오늘날의 경제발전에 자원보유보다는 인적 자원의 활용이 더욱 중요하다는 것은 상식으로 돼 있다. 그래서 암기식 교육에서 탈피하여 창의적인 탐구 실험형의 인간을 배출하는 쪽의 교육 개혁은 정보화사회의 부가가치 창출 및 국제경쟁력 강화의 가장 기본적인 밑그림이 되기도 한다.
>
> —1993년 매일경제 '수능시험과 국가경쟁력' 컬럼에서

이상희 장관은 대학의 역할을 근본적으로 재정의해야 한다고 주장했다. 그는 대학이 더 이상 상아탑에 머물러서는 안 되며, 대한민국 주식회사의 '중앙연구소'가 되어야 한다고 선언했다. 이를 위한 구체적인 방안으로, 이공계 응용 분야의 박사 학위를 '특허 학위'로 전환하고, 개인의 학술 논문보다 팀워크를 통한 특허 창출을 장려하여 대학을 '지식재산의 생산 공장'으로 만들어야 한다고 제안했다.

> 지금이라도 지식재산 혁명의 거대한 역사적 바람을 적벽대전의 동남풍처럼 업고 국가 재창조를 단행해야 한다. 어떻게? 첫째, 국가 예산 면에서 가장 많은 비중을 차지하는 '교육'과 '국방'의 재창조가 선행돼야 한다. 특히 초·중·고의 입시 중심 교육은 창의적 두뇌개발 중심 교육으로 가야 한다.
>
> MS의 빌 게이츠는 "미래 국가 경쟁력은 물리·수학 능력에 의하여 결정된다"고 했다. 물리·수학 교육이 창조적 두뇌개발의 기본이기 때문이다. 이 때문에 무엇보다 대학의 역할이 바뀌어야 한다. 이제는 대학이 지식재산을 생산하는 대한민국 주식회사의 중앙연구소가 되어야 한다. 응용분야의 박사학위를 특허학위로 유도하고, 더불어 개별 논문보다는 팀워크가 중

심이 되는 특허 논문을 권장하면, 대학은 기술개발·특허 등 지식재산의 생산 공장이 될 것이다.

-2009년 중앙일보 '지식재산 혁명과 국가 재창조' 컬럼에서

국민 대다수가 하루살이도 힘들어하던 시절에도 우리나라는 '과학기술 입국'을 내걸고 한국과학기술연구원(KIST)을 설립했다. 우수한 과학자를 유치하기 위해 대학교수 봉급의 3배를 지급하고, 대통령이 수시로 방문하여 미래를 향한 도전에 격려를 아끼지 않았다. 그래서 과학기술 분야 우수 인재의 이탈은 국가 경쟁력에 대한 직접적인 위협으로 인식된다. 이상희 장관이 2004년 통과를 주도한 '국가과학기술 경쟁력 확보를 위한 이공계 지원 특별법'도 이러한 추세를 막기 위한 구체적인 정책적 노력이었다.

우리 과학기술 현실은 어떤가. 우수 인재들의 과학기술 기피 심화, 우수 과학기술 인력의 해외유출, 과학기술에 대한 사회적 무관심…. 한국 과학기술의 분위기는 봄이 아니라 가을이라고 한다. 이대로 가면 과기 월드컵 본선 진출은 상상도 할 수 없을 뿐 아니라 중국의 영토적 꼬리, 일본 기술에 의한 식민지화를 걱정해야 할 입장이다.

밤을 새우는 우리 젊은이들의 응원 열기, 비를 맞으며 열광하는 사회적 분위기로 과학기술의 봄을 만들 수는 없을까. 신체적 열세의 축구도 4강에 도전하는데, 명석한 두뇌의 과기 월드컵 4강이 왜 불가능한가. 폐허 속에서 이만큼의 과학기술을 만들지 않았는가. 과학기술이 있어 우리 모두 행복하도록 관심을 갖고 응원해야 할 때다.

-2010년 조선일보 '과학기술 월드컵 4강을 위하여' 컬럼에서

인터뷰 요약

"링컨·대처 '이공계 육성'처럼 과학기술 발전 토대 마련해야"

Q. 국가 지도자들이 과학기술이나 지식재산 발전에 미치는 영향은?

"미국 링컨 대통령은 흑인 노예 해방, 영국 대처 총리는 강력한 노동정책을 통해 '철의 여인'으로 유명하지만, 두 사람 모두 이공계 육성책에서도 눈부신 업적을 남긴 사실은 잘 모른다. 남북전쟁 중이던 1862년 링컨 대통령은 각 주마다 공유지 3만 에이커(약 3,600만 평)를 제공하도록 한 '모릴법'에 서명했다. 모릴 하원의원이

발의한 이 법으로 각 주에 특성화 대학 69개교가 설립된다. 이들 대학의 설립은 미국 산업화와 민주주의를 세계 최고로 끌어올리는 주춧돌이 된다. 링컨의 위대한 업적은 이공계 육성책이며, 남북전쟁 이후 각 주마다 주립대를 만들었는데 두 개 중 한 곳은 이공계 대학이었다. 대처 영국 총리는 인문계 출신 여학생들을 이공계로 전과할 수 있도록 하는 'WISE' 캠페인을 펼쳤다. 대처 총리 자신조차도 서머빌 칼리지에서 문학사(1946), 이학사(1949), 문학석사(1950) 학위를 골고루 취득했다. 졸업 후에는 화학자로 일했다. 그 뒤 교육부 장관을 거쳐 영국 최장수 총리를 지냈다."

Q. 과학 입국을 위한 차기 정부 조직의 개편 필요성은?

"4차 산업혁명에 대비하기 위해 지식재산부를 신설해야 한다. 다보스 포럼에서 디지털, 바이오, 물리학이 융합이 된 지식혁명이 4차 산업혁명이라고 처음 정의했다. 4차산업 활성화를 위해선 중기벤처 육성이 필수적이다. 중소기업 육성을 통해 젊은 일자리를 창출해야 한다. 뛰어난 특허 기술을 갖춘 중소기업들이 글로벌 경쟁력을 갖추고 날개를 펼 수 있도록 해야 한다."

Q. 최근 에너지 수급 정책에도 관심을 기울이고 있는데....

"우리나라가 에너지 적자를 해결해야 경제 대국이 될 수 있다. 우리나라 에너지 수입은 약 1,750억 달러 수준이다. 전자, 자동차 분야에서 해외 수출을 아무리 많이 해도 에너지 수입으로 모두 다 까먹게 된다. 따라서 안전성이 확인된 밀폐형 소형 원전 개발에 정부가 나서야 한다. 경주 지진으로 최근 위험성이 커진 기존 원전 사업의 방향을 전환, 안전성이 보장된 차세대 원전인 '소형모듈원전(SMR)' 보급에 힘쓸 필요가 있다. 미국 오바마 전 행정부도 SMR가 안전한 원전이라는 평가를 내렸다. SMR에서 생산된 에너지를 초대형 선박 엔진이나 철강회사의 용강로 등에 공급하는 방안도 검토할 필요가 있다. SMR 같은 새로운 산업기술을 도입하기 위해선 정책 결정권자들이 기술을 잘 이해하고서 행정을 해야 한다."

Q. 국내 통합 지식재산 민간 기구인 '한국지식재산총연합회(한지총)' 출범 의미는?

"한지총에는 세계한인지식재산협회, 지식재산포럼, 한국라이센싱협회 등 100여개 지식재산 관련 기관 및 단체들이 참여해 과총, 예총과 같은 형태로 운영될 것이다. 한지총은 향후 대선 주자들에게 행정부내 '지식재산 컨트롤 타워' 설치를 제안할 계획이다. 특허를 비롯해 소프트웨어, 저작권 등을 포함한 모든 지식재산을 아우르는 '지식재산부'를 신설하는 동시에 청와대에 관련 비서관 및 자문회의 운영도 요청할 예정이다."

-2017년 파이낸셜 뉴스

제2부
전쟁에 이기는 비법(秘法)은?

—

지식과 창의성,

그리고 교육 혁신으로

대한민국 DNA를 재설계하라!

영웅은 창의성에서 탄생한다

이상희 장관은 한국 교육시스템에 대해 지속적이고 날카로운 비판을 제기한다. 그는 현행 교육을 '입시와 진학 중심의 암기식 전달 교육'으로 규정하며, 이러한 방식이 혁신에 필요한 핵심 역량인 창의성과 과학적 사고력을 억압한다고 주장한다.

이 장관은 이스라엘 유대인들의 성공 비결로 꼽히는 토론 기반 학습법 '하브루타(Havruta)'를 대안으로 제시하며, 암기가 아닌 질문과 토론을 통해 창의성을 키우는 교육의 중요성을 역설한다.

> 부존자원이 빈곤하고 인구도 적은 이스라엘을 세운 유대 민족이 노벨상을 가장 많이 받았고, 세계 최강인 미국에서 정치와 경제의 핵심적 역할을 하는 민족이다. 그 원동력은 무엇일까. 유대인 특유의 창의적 자율학습 교육이다. 유대인을 가장 창의적인 민족으로 만든 원동력은 짝을 지어 토론하는 학습 방법인 '하브루타(Havruta)' 교육이다. 교육으로 창의적 국민을 만들어 자율적으로 경제 부흥과 국민 복지를 증진하는 것이 바로 유대인의 창조정치다.

> 우리는 창의력이 부족한 교육을 짝사랑하고 있다. 인문학적 상상력과 과학적 창의력이 부족한 타율적 교육을 우리는 일방적으로 짝사랑하고 있다. 이런 교육에서 황홀한 사랑의 에너지와 영감적 공감력이 결코 분출할 수 없다. 유대인의 하브루타 교육은 다르다. 학생 스스로 열정적인 사랑의 블랙홀에 빠져 창조적 빅뱅을 만들도록 교육한다. 그러면 자연스럽게 새로운 창조적 에너지가 솟구치고 상상력 넘치는 새로운 소우주가 탄생하게 된다.
>
> −2023년 중앙일보 '유대인의 '하브루타 교육'과 '창조정치'' 컬럼에서

이 장관이 정의한 인재는 단순히 시험 성적이 우수한 학생이 아니었다. 그는 빌 게이츠, 스티브 잡스, 제임스 캐머런과 같이 대학을 중퇴하고도 각자의 분야에서 세계를 바꾼 인물들을 '디지털 영웅'으로 칭송했다. 이들의 성공 요인은 정형화된 교육을 거부하고 자신이 관심 있는 일에 몰두하는 즐거움 속에서 마음껏 상상력을 발휘했기 때문으로 분석했다. 이들에게 대학은 오히려 창의력을 가두는 감옥이었을 것이며, 진짜 교육은 사회 현장에 직접 뛰어들어 궁금증을 해결하는 과정에서 이루어진다고 보았다.

> 과거 국가 간 경쟁은 알렉산더 대왕, 칭기즈칸 같은 아날로그 영웅들이 이끌었다면 이제는 창의적 지식재산으로 무장한 디지털 영웅들의 시대다. 스티브 잡스, 제임스 캐머런 등이 대표적이다. 영화 '아바타'는 극장 수익만 20억 달러, 쏘나타 9만 대 수출과 맞먹는 규모다.
> 우리도 디지털 전쟁에 맞는 영웅이 탄생할 수 있는 환경을 조성해 나가

야 한다. 먼저 국가 조직을 지식재산 창출과 관리 조직으로 재편해야 한다. 행정부는 관리 중심의 아날로그식 조직에서 지식재산 창조형의 디지털 조직으로 발전해야 한다. 사법부는 디지털 전쟁에 대비해 특허 관할 집중 등 창조적 전문 조직을 혁신적으로 보완해야 한다. 입법부는 법사위를 정점으로 운영되는 기존 국회 운영 관행에서 과감히 탈피해 지식재산 육성 입법부로 변신해야 한다. 세종시를 국내 및 동북아 지식재산 허브 도시로 육성함으로써 전 국토를 디지털 지식재산 전사들을 위한 활동적인 무대로 변화시켜 보자.

"앞으로 10년 후 현재 삼성을 대표하는 제품들이 사라질 것"이라고 경고한 이건희 삼성전자 회장의 얘기는 우리의 가슴을 서늘하게 한다. 거대 기업 도요타의 리콜 사태와 아이폰의 물결이 말해 주듯 변화무쌍한 세계 시장에서 확실한 것은 아무것도 없기 때문이다. 이렇게 급변하는 환경에서 우리 속에 잠들어 있는 광개토대왕이 디지털 영웅으로 부활했으면 한다.

―2010년 중앙일보 '디지털 광개토대왕' 부활해야' 컬럼에서

이 장관은 창의성이 교과서나 참고서에서 나오는 것이 아니라, '생활 속에서 느끼는 궁금증'에서 비롯된다고 믿었다. 봄, 여름, 가을, 겨울의 이름의 유래를 논리적 설명이 아닌 '볼 게 많아서 봄', '열이 많아서 여름'과 같이 감성적이고 창의적인 연상으로 풀어내는 일화는, 정형화된 지식보다 자유로운 상상력과 감성적 사고의 중요성을 강조하는 그의 교육 철학을 단적으로 보여준다.

영재스쿨에 입학한 학생 학부모가 모인 입학식에서 축사를 했다. 아무래도 축사는 앞으로 두뇌 생산성이 중요한 지식사회로 가고 있고, 두뇌 생산성의 기본 바탕은 창의적 사고라는 점에서 '어떻게 하면 대학을 졸업하지 않은 스티브 잡스나 빌 게이츠를 능가하는 창의성을 지닌 학생들로 만들 것인가'에 주안점을 두었다.

창의성은 어디에서 오는가? 그것은 교과서나 참고서에서 오는 것이 아니다. 이는 우리의 생활 속에서 느끼는 부분에 대해 궁금증을 갖고, 창의적인 사고를 하는 것에서 비롯된다는 것이 평소의 지론이었다. 그래서 학생들에게 질문했다. "여러분, 봄·여름·가을·겨울은 우리가 매년 번갈아 가면서 지내는 계절인데, 왜 봄이라 하고, 여름이라 하고, 가을이라 하고, 겨울이라 부르는가?"라고. 이에 한두 학생의 답변을 받아냈지만, 창의적이지는 못했다. 그때 나는 "이 창의성은 복잡한 데서 오는 것이 아니라 극히 평범한 데서 오는 것이다. 따라서 진리는 상식이다. 그런 점에서 생각해볼 때, 봄이 되면 봄이라는 꽃이 피고 나무도 파릇파릇해지니까 볼 게 많다. 그래서 봄은 볼 게 많아서 봄이다. 여름은 태양열이 이글이글해서 열이 올라서 더우니까 여름이다. 가을은 여러 나뭇잎이 떨어지고 시들고 그래서 생명체가 가는 게 많다. 나이든 노인네들도 대개 가을철에 돌아가신다. 그래서 가을은 생명체가 돌아가기 때문에 가을이라 그런다. 겨울은 추워서 머리로 생각하고 몸은 움츠리고 추워서 겨우겨우 지내니까 겨울이라 그런다"고 답해주었다.

—2017년 월간 에세이 '영재스쿨 어린이와의 만남' 인터뷰에서

이상희 장관은 진정한 혁신은 암기된 지식이 아닌, 호기심과 상상력에서 출발한다고 강조한다. 디지털 시대를 이끄는 빌 게이츠,

스티브 잡스, 제임스 캐머런과 같은 인물들이 모두 대학을 중퇴했다는 사실을 상기시키며, 정형화된 교육을 거부하고 자신이 관심 있는 일에 몰두하는 즐거움 속에서 상상력을 발휘했기에 디지털 영웅이 될 수 있었다고 분석한다. 이들에게 대학은 오히려 창의력을 가두는 감옥과 같았을 것이라는 해석이다.

지식사회를 이끌어가는 대표적인 인물인 빌 게이츠, 제임스 캐머런, 스티브 잡스와 더불어 최근 SNS 혁명을 일으킨 페이스북의 마크 저커버그. 이들은 모두 대학 중퇴자다. 우리가 일반적으로 성공을 위한 필수요건으로 여기는 대학 졸업장을 포기했지만 각자의 분야에서 그 누구보다 성공한 사람들이 됐다. 그럼 이들의 성공 요인은 무엇일까.

첫째, 이들의 공통점은 대학을 중퇴했다는 점이다. 정형화된 대학교육을 거부하고 관심 있는 일에 몰두하는 즐거움 속에서 상상력을 발휘했기에 디지털 영웅이 된 것이다. 물론 대학을 중퇴한다고 하여 모두 성공으로 이어지는 것은 아니다. 그러나 아이디어와 상상력으로 무장한 이들에게 대학은 감옥이나 마찬가지였을 것이다. 둘째, 이들은 현장학습자다. 궁금증과 호기심을 가지고 사회 현장의 다양한 분야에 직접 뛰어들었다. 그리고 사회 모든 곳을 교육의 장으로 활용했다. 셋째, 이들은 현장 체험으로 갖게 되는 궁금증을 스스로 풀고 해결하면서 자기주도학습을 했던 자율학습자다. 자율학습으로 스스로의 발전과 변화를 추구했으며 이를 통해 마음껏 창의력을 뿜어낼 수 있었다.

자연의 법칙에 빗대어 본다면, 디지털 영웅들은 '궁금증'과 '호기심'이라는 지표면의 열기가 가해짐으로써 수증기가 하늘로 올라가 '상상력'이라는 구름이 형성됐으며, 냉철한 이성과 논리가 구름을 응축시켜 '창의력'이라는 빗방울로 탄생하게 됐다. 그러므로 무엇보다 우리 학생들에게는 궁금증과 호기심이 중요하다.

—2011년 세계일보 '빌 게이츠를 키운 건 창의력' 컬럼에서

과학관을 넘어, 창의력 발전소로

이상희 장관은 2009년 국립과천과학관장으로 취임했다. 당시 언론은 4선 국회의원에 장관까지 지낸 인물이 2급 기관장급에 취임했다는 사실을 화제로 삼았다. 국립과천과학관장으로 재직하면서 이 장관은 과학관을 정적인 전시 공간에서 역동적인 '창의력 발전소(Creativity Power Plant)'로 탈바꿈시키는 비전을 제시했다. 그의 목표는 과학을 예술, 게임, 만화, 스토리텔링과 융합하여 과학에 대한 흥미를 유발하고, 아이들의 호기심을 자극하는 것이었다.

인간의 두뇌는 생명과 직결되는 가장 중요한 기관이다. 무게는 전체의 3%밖에 되지 않지만 에너지 사용은 타 기관의 여섯 배에 이른다. 두뇌의 노화는 인체의 노화이며, 두뇌의 기능 정지는 바로 사망과 다름없다. 만약 우리가 국제사회의 두뇌가 된다면 비록 작은 나라이지만 세계의 중심국이 되는 것이다.

이를 위해 과천과학관은 21세기 대한민국의 제1호 창의력 발전소가 돼야 한다. 원자력발전소의 연료가 핵연료라면 창의력 발전소의 연료는 호기심·상상력·과학기술이다. 창의력 발전소의 연료는 우리 머리에서 생산

> 과 공급이 가능하고, 폐기물 걱정을 안 해도 된다. 얼마 전 열린 과천국제
> SF영상축제는 과천과학관이란 창의력 발전소를 가동하기 위한 필수적인
> 행사가 됐다. 앞으로는 SF와 관련된 다양한 산업 분야도 동참하는 세계적
> SF 엑스포 행사로 거듭나 과천과학관을 세계적 두뇌발전소로 발전시켰으
> 면 한다.
>
> −2010년 중앙일보 '창의력 길러줄 '두뇌발전소' 양성해야' 컬럼에서

이 장관은 과학과 예술을 접목함으로써 레오나르도 다빈치와 같은 통섭적 인재를 양성할 수 있다고 믿었다. 만화가 이현세와의 협력, 게임 회사와의 논의 등은 이러한 비전을 실현하기 위한 구체적인 노력들이다.

이러한 분석은 교육, 인재, 경제를 하나의 연결된 고리로 보는 그의 시각을 명확히 보여준다. 암기 위주 교육이 창의적 인재의 부재로 이어지고, 이는 결국 혁신 역량의 약화와 글로벌 경제 전쟁에서의 패배로 귀결된다는 인과 관계를 설정하고 있는 것이다.

> 이상희 관장은 직원들에게 어린이와 같은 사고로 변신하라고 강조한다.
> 재미있는 과학관이 되어 자발적으로 찾아오는 과학관이 될 수 있다는 것이
> 다. 과학은 과거가 아니라 미래지향적 사고이고, 합리적 사고이며, 예술 등
> 모든 분야에 통하는 것이다. 따라서 과학을 재밌게 접하게 하려면 문화, 예
> 술 등과 접목돼야 한다고 변화 방향을 제시하기도 했다.
>
> 최근에는 만화가 이현세 씨를 만나 과천과학관을 만화로 알릴 수 있는
> 방법을 협의하고, 게임회사 관계자들과 세계 게임시장 개발에 대해 논의했
> 다. 또 TV 방송 관계자들에게도 과학관을 중심으로 국민 생활과학을 알릴

수 있는 프로그램 제작을 요청했다고 한다.

이미 국립과천과학관의 연구사와 국립현대미술관의 학예사가 공동모임을 갖고 과학과 예술의 협력을 논의했다. 이는 다빈치가 그림으로 당시의 건축물을 설계했듯 미술을 과학으로 연계시키고 과학을 예술로 승화시킴으로써 다빈치 같은 과학자를 양성한다는 전략이다.

국립과천과학관-국립현대미술관-서울랜드-남서울대공원-경마장 등 과천에 소재한 문화 과학 스포츠 오락 시설 등을 하나의 벨트로 연계하는 경천철 설치도 구상하고 있으며, 고등과학원도 과천과학관 내로 유치할 계획이다.

—2010년 한국의약통신 '국민 과학 생활화 새롭게 이끈다' 인터뷰에서

이상희 장관에게 교육 개혁은 단순한 사회 정책이 아니라, 기술 종속과 무역 적자라는 구조적 문제를 해결하기 위한 가장 근원적인 국가 경제 및 안보 전략인 셈이다. 이러한 전략들은 기술을 단순히 경제 성장의 도구로만 보는 것이 아니라, 에너지, 식량, 보건, 환경 등 사회가 직면한 가장 크고 어려운 문제들을 해결하기 위한 창의적인 해법으로 바라보는 그의 근본적인 사고방식을 드러낸다. 복잡한 사회문제를 공학적, 생물학적 도전 과제로 재정의하고, 적절한 연구개발을 통해 해결할 수 있다는 인간의 창의력과 과학기술의 힘에 대한 깊은 신뢰가 그의 비전 전반에 깔려 있다.

오늘날의 경제발전에 자원보유보다는 인적 자원의 활용이 더욱 중요하다는 것은 상식으로 돼 있다. 그래서 암기식 교육에서 탈피하여 창의적인

탐구 실험형의 인간을 배출하는 쪽의 교육 개혁은 정보화사회의 부가가치 창출 및 국제경쟁력 강화의 가장 기본적인 밑그림이 되기도 한다.

30대 약관의 빌 게이츠는 미국의 내로라하는 돈벌이 대가들을 제치고 작년, 재작년 미국 제일의 부자가 되었다. 그것은 정보화사회의 핵심 부가가치를 향한 그의 뛰어난 독창성 때문이다. 더욱이 2010년에는 세계 경제의 전체 부가가치 중 무려 75% 이상이 직간접으로 정보화 관련 부문에서 발생한다는 것이 전문가의 예측이다.

전산화 자동화 통신망화로 엮어지는 '정보화'는 창의성과 독창성의 산물인 과학기술에 의해서만 가능한 일이다. 때문에 75% 이상의 부가가치를 향한 국가경쟁력은 결국 창의성 교육에서 배양될 수밖에 없지 않은가.

「19세기 환경과 시설 속에서, 20세기 교사가, 21세기 학생을 가르친다」라는 말이 있다. 19세기의 과거를 지향하는 학생, 20세기의 현실 문제에는 항상 충돌하는 학생, 21세기 의미 내에는 대응하지 못하는 학생. 이 같은 학생에게 21세기의 국가경쟁력을 어느 정도나 기대할 수 있을까.

정말 교육개혁이야말로 국가 장래의 개혁이란 점에서 국가경영차원의 연구와 계획, 국가통치 차원의 결단과 돌파력으로 추진해야 할 바로 국가경쟁력 강화의 기본과제임을 다짐하자.

— 1993년 매일경제 '수능시험과 국가경쟁력' 컬럼에서

이 장관은 과학 문화의 혜택이 수도권에 집중되는 현실을 비판하며, 지방 활성화를 위한 대안으로 '사립 과학관' 설립을 제안했다. 민간이 주도하여 24시간 자유롭게 운영되는 사립 과학관을 지방 곳곳에 세우자는 것이다.

그는 이 과학관들이 각 지역의 특화 산업과 연계하여, 지방 청년들을 위한 '창업의 산실'이자 '창의력 발전소' 역할을 해야 한다고 주장했다. 이를 제도적으로 뒷받침하기 위해 '사립 과학관 설립 및 지원 촉진법' 제정을 촉구하기도 했다.

국가 전략의 컨트롤 타워를 세워라

이상희 장관은 분절되어 있는 우리나라의 지식재산 거버넌스를 지속적으로 비판해 왔다. 산업재산권은 특허청이, 저작권은 문화체육관광부가 각각 담당하는 이원화된 구조가 인간의 정신적 창작활동이라는 하나의 뿌리에서 나온 지식재산권의 종합적인 시너지 효과를 방해하고 있다는 것이다.

여기에는 분절된 행정체계로는 글로벌 특허전쟁 시대에 효과적으로 대응할 수 있는 통일된 국가 전략을 수립하고 집행하기 어렵다는 문제의식이 깔려 있다. 이에 대한 핵심적인 해법으로는 모든 지식재산 관련 기능을 통합 관리하는 새로운 부처, 가칭 '지식재산처(知識財産處)'의 신설이 제안된다.

> 지금까지 산업재산권은 특허청이 저작권은 문화체육관광부가 각각 담당해 왔다. 산업재산권과 저작권은 다 같은 지식재산권으로서 인간의 정신적인 창작활동에서 비롯된 것이나, 현재 운영되고 있는 특허소송 제도로서는 종합적인 시너지효과를 기대할 수 없다. 변호사와 변리사는 각자의 전

문분야를 더 심화시켜 글로벌 특허전쟁에 대비해야 한다. 영국, 캐나다, 스위스, 벨기에, 싱가포르, 헝가리, 태국, 룩셈부르크는 산업재산권과 저작권을 함께 취급하는 지식재산청을 설립하여 운영한 지 이미 오래되었다. 미국은 특허청과 저작권청이 따로 있으나, 2008년 지식재산자원과 조직의 우선화법에 따른 지식재산집행조정관 제도를 도입해서 이 모든 지식재산 정책에 관하여 대통령에게 직접 종합 보고하고 있다. 국제연합(UN)의 산하기구로 1974년에 창설된 세계지식재산기구(WIPO)도 산업재산권과 저작권을 함께 취급하고 있다. 이제부터라도 정부는 특허와 저작권으로 이원화되어 운영되고 있는 지식재산권에 대하여 지식재산처를 신설하여, 한 개의 부처에서 집중하여 보다 전문적이고 통합적인 관리를 해야 할 필요가 있다.

-2022년 부산일보 '특허전쟁의 국가적 대응책, 이대로 좋을까?' 컬럼에서

이 장관은 미래 역사가 메타버스 사회와 국가로 변천, 발전하면서 사회 전 분야는 전문화, 세분화, 다원화 사회로 발전할 수밖에 없을 것으로 예측했다. 이럴 경우, 사회구조는 다원적 협력구조가 되어야 한다. 일본이 과거에도 그랬던 것처럼 유럽과 미국의 거대한 지식재산 혁명을 '지적재산입국'으로 국가 재창조에 활용하고 있는 것도 이 때문이다.

우리나라 지방자치의 특성과 행정조직의 특성을 묶어서 지식재산 생산의 특성화로 유도하면, 지방자치경제의 활성화가 가능할 것이다. 가령 전남에 농업(농업 특허기술), 전북에 문화(문화 저작권), 경남에 해양수산

> (해양수산 특허기술), 경북에 교육(교육 저작권), 강원에 환경(환경 특허기술), 충청에 과학 등 지방자치 특성에 맞는 중앙부처를 배치하면, 지방자치 경제의 특성에 걸맞은 지식재산이 생산될 뿐만 아니라 명실공히 '전 국토의 지식재산 생산기지화'와 이를 뒷받침하는 '지식재산형 전자정부'가 가능할 것이다. 그렇게 되면, 대한민국 주식회사 자체가 IBM이나 퀄컴 같은 두뇌기업이 되고, 정부는 '네트워크 IP 정부'가 되어 지식재산의 기획·관리를 총괄하게 된다. 분명한 것은 지식재산, 특허가 세계경제와 국가 체제의 핵심이 되었다는 사실이다. 산업혁명을 외면해 영토 식민지가 되었던 것처럼, 이제 지식혁명을 외면하면 또다시 지식 식민지로 전락할 것이다. 교육과 국방을 지식재산 생산 현장으로, 4대 강 지식벨트는 지식재산 대동맥으로, 그리고 정부 조직은 지식재산 기획·관리체제로 대한민국 주식회사의 재창조가 절실한 때다.
>
> —2009년 중앙일보 '지식재산 혁명과 국가 재창조' 칼럼에서

이상희 장관은 지식혁명의 역사적 변화 속에서 우리나라가 서서히 기술 식민지로 전락하고 있다고 우려했다. 따라서 한국이 지금이라도 지식재산 혁명의 거대한 역사적 바람을 적벽대전의 동남풍처럼 업고 국가 재창조를 단행해야 한다고 제안했다.

우리가 가야 할 길은 분명 지식국가다. 내부의 문제로 투쟁과 갈등을 반복하는 제로섬 게임보다는 국민의 우수한 머리로 절대 파이를 키우는 지식기반사회로 나아가야 한다는 것이 이 장관의 일관된 주장이다.

무엇보다 지식재산 창출형 정부체제로 개편해야 한다. 가령 국가 미래기획부를 신설해 지식재산의 망망대해에서 지식재산 물고기떼를 향해 대한민국호의 방향타를 정확히 잡도록 해야 한다. 또 국민의 지식두뇌 활용을 위해 인문과학과 자연과학을 융합시켜야 한다. 이는 마치 자연과학의 남성과 인문과학의 여성이 결혼해 출산하는 것과 같다. 이를 위해 자연과학 측면에서는 과학기술부를 주축으로 IT부·바이오부를, 인문과학 측면에서는 문화예술부를 주축으로 영상부·콘텐츠부를 만들어 지식재산권을 창출·활용할 수 있는 조직으로 개편해야 한다. 지식경제부 산하의 특허청을 전 부처의 지식재산 정책을 총괄하는 지식재산청으로 바꾸고, 국가지식재산위원회는 대통령이 직접 관장해 정부조직과 행정체계의 운영을 지휘하고 국가적 관점의 미래 비전을 제시하는 거시적 지식재산위원회가 돼야 한다.

－2011년 세계일보 '한국이 가야 할 길은 지식국가' 컬럼에서

지역 블록화에 대응한 특허 FTA

이상희 장관의 과학 및 지식재산 전략은 국내 정책에만 머무르지 않는다. 그는 지식재산 분야에서 선제적이고 적극적인 국제 외교와 협력이 국가 생존에 필수적임을 지속적으로 강조한다. 실제로 그는 유럽연합(EU)과 북미자유무역협정(NAFTA) 등이 점차 지식재산 블록으로 변모하는 세계적 흐름에 대응하기 위해, '한·중·일 지재권 공동체' 구성을 주도해야 한다고 제안한다. 이는 동북아 지역에서 한국이 지식재산 분야의 주도권을 확보하고, 역내 협력을 통해 글로벌 경쟁력을 강화하려는 전략적 구상이다.

> *2004년 3월 내가 제32대 대한변리사회장으로 추대된 이후 변리사회가 법정단체로 되기 위한 과정은 그야말로 힘난하고 고된 과정의 연속이었다.*
>
> *첫째, 지재권에 대한 국민적 인식과 공감대가 너무나 미약했다. 둘째, 정부의 기본입장은 기존 법정단체도 임의단체이고 법정단체를 위한 법개정을 지지하는 여론도 없으며 또한 정부정책에도 상충한다는 것이었다. 셋째, 일부 변호사가 '한국법조변리사회'라는 임의단체의 설립을 추진하고*

있었다. 넷째, 국회 법사위 대부분이 변호사로 구성돼, 직역갈등이 잠재적으로 도사리고 있는 형편이었다.

이 같은 두터운 벽을 깨기 위해 서울에서 '한·중·일 특허공동체' 관련 국제회의를 열고 중국·일본의 변리사회장을 위한 언론의 인터뷰 자리를 마련했다. 또 미국·영국·독일·프랑스를 차례로 방문하여, 양국 변리사회의 협력 관계를 구축하면서 관련 내용이 해외에 주재중인 한국의 특파원을 통해 보도되도록 노력했다.

-2006년 전자신문 '결단의 순간들' 컬럼에서

이 장관은 중국과 일본이라는 거대 강국 사이에서 한국이 독자적인 위치를 확보하는 구체적인 생존 전략도 제시했다. 그는 한국이 중국의 거대한 '몸통(생산기지)'을 위한 '머리(지식재산 기지)'가 되어야 한다고 주장했다. 즉, 규모의 경제에서 중국과 경쟁하는 대신, 창의성과 기술력으로 중국의 성장을 올라타는 전략을 취해야 한다는 것이다. 이는 한국의 지정학적 위치를 약점이 아닌 기회로 전환하려는 발상의 전환이다.

최근 우리나라가 안고 있는 어려운 문제들이 한 두 가지가 아니다. 중국의 동북공정, 일본과의 독도 갈등, 북한의 지속적 도발, 남북통일, 국제 환율 문제 등 이런 문제들을 한 번에 해결할 수는 없을까. 그것은 바로 중국의 머리가 되는 길이다. 중국의 13억이라는 거대한 몸통을 우리에게 유리한 방향으로 움직일 수 있다. 그 기본은 과학기술과 창의적 디지털 교육으로 디지털 영재를 양성하는 데 있다.

> 인간의 두뇌는 생명과 직결되는 가장 중요한 기관이다. 무게는 전체의 3%밖에 되지 않지만 에너지 사용은 타 기관의 여섯 배에 이른다. 두뇌의 노화는 인체의 노화이며, 두뇌의 기능 정지는 바로 사망과 다름없다. 만약 우리가 국제사회의 두뇌가 된다면 비록 작은 나라이지만 세계의 중심국이 되는 것이다.
> – 2010년 중앙일보 '창의력 길러줄 '두뇌발전소' 양성해야' 컬럼에서

이 장관은 세계 특허 출원의 4분의 3 이상을 차지하는 선진 5개국 특허청(IP5) 간의 국제 협력의 중요성을 역설한다. 특허 심사 절차를 통일하고 협력 관계를 구축하면, 해외에 특허를 출원하는 한국 기업과 발명가들의 시간적, 비용적 부담을 크게 줄일 수 있기 때문이다.

> 오늘날 지식기반 사회에서는 지식과 정보화 분야에서 서로 간의 협력을 통해 세계 경제 발전에 기여한다고 할 수 있다. 따라서 우리는 경제발전의 핵심 가치인 특허 관련 이슈를 국가 간 공조와 협력을 통해 해결하고 발전시켜 인류의 번영을 증진하는 데 기여해야 한다.
> 세계가 하나의 자유시장이 되면서 모든 국가가 지식재산권의 중요성에 대해 인식하고 있어야만 연구개발 결과가 권리화되고 보호되어 기술 발전이 가능하다. 5개국 특허청은 앞으로 교육 콘텐츠를 공동 개발해서 세계 각국이 온라인교육을 통해 활용하고 특허에 대한 인식을 제고하도록 적극 나서야 한다.
> –2009년 동아일보 '知財權 교육콘텐츠 공동개발을' 컬럼에서

'이상희 장관의 국제 전략 중 가장 창의적인 제안은 상품 중심의 전통적인 자유무역협정(FTA)을 넘어, '특허 FTA'를 추진하자는 것이다. 그는 일본이 미국과 이러한 지식재산권 중심의 자유무역협정을 추진하는 것을 매우 혁신적인 정책 아이디어로 평가하며, 한국도 이러한 새로운 형태의 국제 협약을 통해 지식재산을 외교와 통상의 핵심 의제로 삼아야 한다고 주장한다.

> 일본은 과거 우리의 새마을운동처럼 '지적재산 국민문화운동'을 전개하고 있다. 이 같은 국내의 창조적 변화를 등에 업고 세계 경제의 중심인 미국과는 미·일 특허FTA를 추진하고 있다. 상품이 아닌 지적재산권의 자유무역협정을 맺겠다는 정책 자체가 얼마나 창조적인가?
>
> 우리 국민은 36년간 일본의 영토적 식민지가 됐던 것을 생각만 해도 생리적인 알레르기가 생긴다. 그러나 다시 일본의 두뇌 식민지가 되지 않으려면 우리 정부가 일본 정부의 생각과 정책에 더욱 민감해야 한다. 나라의 머리가 정부이기에 정부의 생각과 정책에 따라 운명이 결정된다. 일본 내각의 비법을 이기는, '이순신(李舜臣) 장군 전략'을 만들고 실천할 때 우리나라의 앞길에 희망의 등불이 켜질 것이다. FTA도 그런 측면에서 대응해야 한다.
>
> —2006년 중소기업뉴스 '일본경제를 넘으려면' 컬럼에서

지재권 공동체 및 FTA 제안은 지식재산을 단순한 상업적 권리가 아닌, 국가의 위상을 높이고 국제적 영향력을 확대하는 외교 정책의 핵심 도구로 인식하는 이 장관의 관점을 명확히 보여준다. 그

의 비전은 외국과의 협상에서 수세적으로 요구에 응하는 단계를 넘어, 한국의 혁신가들에게 유리한 글로벌 환경을 조성하기 위해 적극적으로 국제기구를 설립하고, 동맹을 구축하며, 새로운 규범을 만들어가야 한다는 선제적 외교 전략으로 요약할 수 있다.

글로벌 전쟁 대응한 소송 공동대리(共同代理)

이상희 장관이 가장 구체적이고 강력하게 주장한 개혁 제안이 바로 특허소송 제도이다. 현행 제도는 변호사만이 특허 침해 소송을 대리할 수 있도록 제한하고 있어, 기술에 대한 이해가 부족한 법률가들이 재판을 주도함으로써 심각한 비효율을 낳고 있다는 것이다.

그는 기저귀 특허 관련 소송이 대법원 판결을 받기까지 무려 11년 8개월이 소요된 유명한 일화를 예로 들며, 이러한 지연과 비전문성이 기술 수명이 짧은 첨단 산업 분야에서 기업들에게 치명적인 손실을 안겨준다고 역설한다.

실제로 지난 1996년에 시작한 기저귀 특허소송은 대법원 판결까지 무려 11년 8개월이나 소요되면서 국내 기업들은 새로운 기술을 개발하려는 의욕이 송두리째 사라지는 동시에 오랜 기간 소송에 휘말려 제대로 사업도 추진할 수 없게 됐다.

새로운 기술은 저절로 보호되지 않는다. 시장성이 클수록 모방 기술이 더 빨리 나온다. 지금까지 우리나라에서는 변호사만이 특허침해소송을 대리해 왔다. 그런데 지난 5월, 2006년과 2009년에 이어 세 번째로 변호사가 특허침해소송의 대리인으로 선임되어 있는 사건에서 소송당사자가 원하면 추가로 변리사를 소송대리인으로 선임할 수 있게 하는 법안이 국회 산자위를 통과해서, 현재 법사위원회에 계류되어 있다. 법사위는 아직 심의도 하지 않은 채 번번이 회기만료로 이 법안들을 폐기해 왔다.

변호사, 판사가 특허기술 내용을 잘 알지 못해 기저귀 특허에 대해 대법원 판결을 받기까지 무려 11년 8개월이나 소요된 사실은 유명한 일화이다. 특허소송을 경험한 절대다수의 사건 당사자들이 기술 수명을 고려하여, 변호사, 변리사의 공동대리를 염원한 지 20여 년이 지났다. 한국과학기술단체총연합회, 한국공학한림원, 한국기술사회와 산업계도 간절히 기대하는 바이다.

–2022년 부산일보 '특허전쟁의 국가적 대응책, 이대로 좋을까?' 컬럼에서

[기저귀 특허소송은?]

지난 1996년 유한킴벌리는 쌍용제지를 시작으로 LG생활건강과 대한펄프 등 경쟁사를 상대로 기저귀 안쪽에 용변이 새지 않도록 붙인 '샘 방지용 날개(플랩)' 관련 총 5건의 특허권 침해금지소송을 제기했다. 이렇게 시작된 '기저귀 특허소송'은 전체 소송가액이 1,600억 원에 달했으며, 1심과 항소심, 그리고 대법원을 거쳐 최종 판결을 받기까지 무려 11년 8개월이 걸렸다. 국내 업체들은 전 세계 기저귀시장을 휩쓸고 있는 글로벌 기업을 상대로 국내 기저귀 플랩이 특허를 침해하지 않았다는 사실을 증명해야 했다. 결국, 2008년 2월에 대법원은 "원고의 특허발명에 명시된 '유체투과성'은 액체를 투과시키는 성질로, 피

고 측 제품의 재질은 액체를 투과시키지 않는다는 점에서 원고의 특허발명과 목적·효과가 다르다"며 원고패소한 원심을 최종 확정했다.
[대법원 2008. 2. 28., 선고, 2005다77350, 판결]

이 같은 비효율성을 해결하는 명확한 비책으로 이 장관은 기술 전문성을 갖춘 변리사가 변호사와 함께 특허침해 소송을 공동으로 대리할 수 있도록 법을 개정해야 한다고 주장한다. 이는 기술 내용에 대한 이해도를 높여 재판의 신속성과 정확성을 담보하고, 궁극적으로는 우리 기업들이 글로벌 특허전쟁에서 효과적으로 자신을 방어할 수 있도록 하기 위해서이다.

이와 더불어 사법부 자체의 전문성도 강화해야 한다. 일본이 '지적재산고등재판소'를 설치하고 '기술판사' 제도를 도입해 재판의 전문성을 높인 사례를 모범으로 제시하며, 한국도 특허 소송 관할을 집중시키고 기술 전문가의 사법 참여를 확대해야 한다고 이 장관은 제안한다.

이제는 사법부가 응답할 차례다. 행정부가 지재권으로 국가의 미래 비전을 제시했다면 사법부(법원)는 강력한 보호체계를 구축해 나가야 한다. 특허소송 관할을 집중해서 재판의 일관성 미흡 문제를 해결하고, 기술판사 제도를 통해 판결의 전문성을 높여야 한다. 그리고 변리사가 소송을 대리할 수 있게 해 우리 기업과 법률 소비자가 신속하고 정확한 재판을 받을 수 있는 최소한의 시스템이라도 갖춰줘야 한다. 이 모두는 입법부(국회)가 챙겨줘야 한다. 더 이상 우리 기업이 특허전쟁으로 수세에 몰리고 특허소송 패소로 수천, 수백만 달러의 손해를 부담하는 사태를 반복해서는 안 된다.

전쟁을 대비해 피나는 훈련과 첨단 무기를 갖춘 특허전문가가 참전할 수 있는 길을 열어줘야 한다. 행정부의 의지를 지원하고, 사법부가 관행의 틀을 바꿀 수 있도록 입법으로 뒷받침해줘야 한다. 국회 법사위에 계류된 '변호사-변리사 특허소송 공동대리 법안'은 벌써 몇 년째 제자리걸음이다. 직역을 뺏자는 것도 아니고, 무조건 소송 대리인이 되겠다는 것도 아니다. 소송 의뢰인이 원할 때에만, 그것도 변호사와 함께하겠다는 것이다.

그럼에도 불구하고 17대 국회 시한만료 자동폐기, 18대 국회 2년째 계류. 마치 조선시대 문인들이 기술입국을 무시했던 것처럼 오늘에도 이 같은 비극적 역사를 반복한다면 특허전쟁은 물론 어느 우수 청소년이 이공계로 진출하겠는가? 우리가 세계 지식전쟁에서 승리하기 위해서는 인재들이 이공계로 가고, 돈이 지식재산권 창출에 흘러들어가야 한다. 우리나라는 우수한 두뇌와 과학기술, 그리고 세계적 지식재산권 창출만이 100년 후 세계 두뇌강국의 영광을 예약할 수 있을 것이다.

—2010년 매일경제 '환율의 뿌리는 지식재산권' 컬럼에서

이상희 장관이 평생에 걸쳐 추진했던 '변리사법' 개정 투쟁은 단순히 변리사의 직역 이기주의 문제가 아니었다. 이는 법의 역할에 대한 그의 근본적인 철학을 보여준다. 그는 기술 전문성이 배제된 채 운영되는 기존의 특허소송 제도가 혁신을 가로막는 '병목 현상'이라고 진단했다. 기술을 이해하지 못하는 법률 시스템은 발명가와 기업을 보호하기는커녕 오히려 그들의 시간과 비용을 낭비하게 만들어 국가 경쟁력을 떨어뜨린다는 것이다.

인터뷰 요약

변호사만으론 세계 지적재산권 전쟁에서 이길 수 없다

Q. 현행 변리사법상 소송대리권이 있는데, 공동대리권을 규정한 개정법안은 오히려 변리사 스스로 한발 물러난 것 아닌가요?

"그동안 현실적으로 소송대리를 할 수가 없었어요. 재판부가 법정에 서지 말라고 하니까요. 그리고 법적으로 해결하려고 해도 소송을 담당해야 할 변호사들이 이해당사자이니 소송을 할 수가 없는 겁니다."

-2011년, 월간조선

Q. 변리사가 꼭 소송대리를 해야겠다는 것은 밥그릇 싸움으로 비칠 여지가 있습니다만...

"특허업무는 법과 떼어 놓을 수가 없습니다. 변리사도 원래부터 법적인 업무를 하기 위한 자격증이고요. 소송대리권을 갖겠다는 첫 번째 이유는 변리사의 이익을 위한 것이 아닙니다. 일의 효율성을 높이자는 거죠. 변리사가 알아서 하면 한두 달 안에 끝날 특허관련소송인데, 매번 변호사가 반드시 있어야 하니까 길게는 2~3년씩 늘어져요. 업체 입장에서는 소송기간이 길어지면 길어질수록 손해가 엄청나게 커지는 겁니다. 대기업 특허팀이나 사업하는 분에게 한 번 물어보세요. 특허소송이라는 게 얼마나 소모적이며 지겹고 어려운 싸움인지 다 압니다. 현행 시스템은 변호사나 변리사나 의뢰인이나 다 손해보는 겁니다. 문제는 각국과 FTA를 맺으면 국제적으로 특허소송이 봇물처럼 쏟아질 텐데, 우리 변호사들의 경쟁력이 없다는 거죠. 변호사들이 정 밥그릇 뺏기기 싫다면 공동대리라도 하자는 겁니다."

Q. 변호사 취업난이 심해지고 로스쿨 졸업생들이 쏟아지면서 신규 법조인들도 이 싸움에 가세할 것이 뻔한데요.

"사실 공동 소송대리라는 건 변호사와 변리사가 윈-윈(win-win)하자는 겁니다. 지금 국내 변호사들은 FTA 이후 세계시장에서 경쟁력이 있다고 보기 힘들어요. 공동 소송대리를 하게 되면 지식재산권 관련 소송과정이 훨씬 정확하고 빨라집니다. 변리사에게 모든 소송대리권을 주자는 것도 아니고, 지적재산권과 특허 관련 소송에서 효율성을 꾀하자는 건데 반대할 이유가 없어요. 결국 국내 로펌과 로스쿨 졸업자들도 국제경쟁력을 갖춰야 하기 때문에 어느 쪽이 국가와 개인을 위해 이익일지 고려해야 한다고 조언하고 싶습니다."

Q. 변리사의 공동대리에 대한 과학기술계의 입장은 어떠한지?

"국가 발전의 기반인 과학기술을 우대하는 차원에서도 변리사에게 전문 분야의 권리를 줘야 합니다. 변리사들이 대부분 이공계 출신이다 보니 과학기술계에서도 변리사의 소송대리권을 응원하고 있습니다. 이 문제는 이공계의 위상이 계속 떨어지고 있는 것과 연관이 있습니다. 젊은이들이 첨단기술을 배우고 이끌어 나가야 하는데, 의대 등 안정적인 분야만 하려고 하지 않습니까. 변리사에게 전문분야에서 변호사와 같은 권리를 준다면 젊은이들에게도 시사하는 바가 클 겁니다."

Q. 지식재산 정책 및 특허소송 관련해 일본의 상황은 어떠한지?

"일본은 10년 전 지적재산기본법을 마련했습니다. 물론 당시 일본에도 반대하는 세력이 많았어요. 하지만 언론과 사회 지도층이 지적재산권 보호를 위해 나섰고, 결국 2002년 법을 개정해서 변리사들이 특허소송을 맡을 수 있게 됐습니다. 현재 일본은 지적재산권 소송을 매우 신속하고 정확하게 처리합니다. 미국이나 중국 등의 공격도 거뜬히 막아낼 수 있어요. 하지만 우리나라는 어떻습니까. 기껏 IT강국, 콘텐츠 강국을 만들어 놨는데 이에 대한 법적 보호수단은 지나치게 미흡해요. 특허 관련 소송을 비전문가인 변호사가 맡고 있다 보면 2~3년씩 걸리는 경우가 많습니다. 비효율성도 문제지만, 이런 식으로 가다 보면 일제시대처럼 일본과 한국이 '주인과 머슴' 관계가 될 우려도 있단 말입니다. 예전엔 영토가 종속됐지만, 이제는 두뇌가 종속될 수 있어요."

Q. 지식재산권이 그 정도로 우리 생활에 큰 영향을 미치나?

"특허와 상표, 디자인이 세계적으로 얼마나 많은 가치와 로열티를 가져오는지 이제 전국민이 다 알지 않습니까. 국내에서 명품(名品) 브랜드 만들자고 주장하고 한류(韓流) 띄우는 게 다 무엇 때문입니까. 국제경쟁력의 근원이 지식재산권입니다."

Q. 선진국에서는 이미 지적재산권에 대한 준비가 돼 있는지?

"미국과 일본 등 선진국은 두뇌를 중시하는 지식사회로 가고 있어요. 예전엔 미국이 알래스카라는 '영토'를 샀지만, 지금은 해외에서 우수한 두뇌들을 영입하고 있습니다. 오바마 대통령이 개발도상국에서 미국으로 와 과학기술 관련 석·박사 학위를 받는 사람에게 영주권을 준다고 하지 않았습니까. 두뇌와 지식이 곧 재산입니다. 이를 재산으로 괴물 같은 선진국의 지식들이 전세계를 휘젓는 시대가 올 겁니다. 우리도 앉아서 당할 수만은 없잖아요."

Q. 공동 소송대리권이 로펌 등 법률서비스 시장 개방에 미칠 영향은?

"미국 등 많은 국가와 FTA를 체결하면 로펌 등 법률서비스 시장의 문도 완전히 열리게 됩니다. 그런데 현재 국내 로펌에 국제 경쟁력이 있다고 보십니까. 나름 법이 아닌 타 분야 전문가들을 영입하고 있지만 기술분야에서 공동 소송대리가 불가능하면 절름발이가 될 수밖에 없어요. 현재 국제분쟁의 대부분이 대기업들의 첨단기술과 관련된 것들인데, 이를 다룰 능력이 부족하다고 봅니다. 공동소송이 가능해지면 변호사와 변리사가 함께 해외로 적극 진출할 수 있습니다. 과학기술 인재들을 우대하고 공동소송도 가능하게 하면 시너지효과를 얻을 수 있습니다. 지적재산권 전쟁의 시대에 변호사와 변리사는 함께 가야 할 동반자입니다."

제3부
우리만의 블랙오션으로!

-

기술과 지식으로

꿩 먹고 알 먹는 독점시장,

블랙오션(Black Ocean)을 잡아라!

떠오르는 거대 권력 블랙오션

이상희 장관이 강조한 핵심 메시지들은 'ESG(환경·사회·투명한 지배구조)와 탄소중립'이라는 새로운 글로벌 메가트렌드와 성공적으로 통합된다. 여기서 그는 '블랙오션(Black Ocean)'이라는 새로운 개념을 제시한다. 이는 거대한 권력과 연대하여 만들어내는 독점적인 시장을 의미한다.

그리고 이 장관은 ESG를 그 누구도 부정할 수 없는 새로운 '거대 권력'으로 규정하며, 이 흐름에 역행하는 기업이나 국가는 더 이상 생존할 수 없다고 진단한다.

> '블랙오션'이란 나만의 독점시장을 말하는 신조어다. 거대한 권력이나 이권과 결탁해 만들어지는 독점시장을 지칭한다. 공정분배가 키워드가 된 프로토콜 유통의 초연결 시대에 어떻게 이런 독점시장이 만들어질 수 있을까? 거대한 권력과 결탁하면 가능하다.
>
> 강력하게 부상하는 거대 권력. 환경(E), 사회(S), 투명한 지배구조(G)라는 ESG 권력이다. ESG는 누구도 부정할 수 없는 권력으로 이미 금융권과 혈맹을 맺고 있다. 어느 국가, 어떤 대기업이든 ESG라는 권력에 맞서다가

> 는 투자도 어렵고 경영권도 잃는 시대가 됐다.
> —2022년 이넷뉴스 "탄소중립 시대, 꿩 먹고 알 먹는 독점시장" 컬럼에서

이 장관은 탄소중립 규제를 위기가 아닌 거대한 사업 기회로 재구성한다. 이는 도전을 연구개발과 지식재산을 통해 경쟁 우위로 전환시키는 그의 핵심 철학이 그대로 적용된 사례이다.

실제로 그는 이산화탄소 포집·활용·저장(CCUS) 기술, 즉 '한국형 탄소경제 밸류체인(K-CCUS)'을 개발하고 관련 특허를 확보함으로써, 한국이 이 분야에서 새로운 '독점시장' 즉, 블랙오션을 창출할 수 있다고 주장한다. 철강, 조선 등 탄소 다배출 기업들이 탄소배출권 구매에 수천억 원을 써야 하는 부담을 안게 되었지만, 바로 이 지점에서 새로운 기회가 생긴다는 것이다.

> 최근 탄소중립법 시행으로 철강·조선·발전·자동차 등 제조업체에 비상이 걸렸다. 이산화탄소 배출량을 줄이지 못하면 앞으로 대기업들은 매년 수천억 원씩 탄소배출권을 구입해야 한다. 작년 4월 t당 1만 8,000원이던 탄소배출권은 올해 초 3만 5,000원까지 치솟은 뒤 현재 약 3만원에 거래되고 있다. 대기업은 매년 1,000억 원대 이상의 탄소배출권을 구입하거나 탄소를 포집해야 한다. 이런 부담은 우리 국민 경제에도 큰 영향을 미친다.
> '녹색 삶'은 환경을 보호하고 무분별한 화학물질 오·남용에서 인간과 지구를 지키는 그린 라이프의 바른 삶, 바른 기업 경영, 따뜻하고 인간적인 삶을 뜻한다. 우리는 그동안 이기적인 삶, 탐욕적인 기업 경영 활동으로 ESG를 외면했다. 흉내만 내는 그린워싱(위장 환경주의) 체면치레로 영리 추구에만 집중해왔다. 이제 한계에 도달했다. 더 이상 방치하면 지구촌이

> 함께 멸망하는 길로 접어들 것이다. 우리는 녹색 삶, ESG 경영 실천 운동을 더 적극적으로 벌여야 한다. 정부는 탄소중립 블루오션 전략으로 미래 시장을 선점해야 한다.
> 　　－ 2022년 조선일보 '블루오션' 탄소중립 시장 선점해야' 컬럼에서

이러한 주장은 이 장관이 1980년대부터 40년 가까이 주창해 온 개인적 철학인 '녹색삶(Green Life)'과 자연스럽게 연결된다. 그는 자신이 운영하는 '녹색삶지식원'을 '세계 최초의 ESG 경영 연구기관'으로 소개한다.

그가 말하는 '녹색삶'은 환경을 보호하고 화학물질의 오남용으로부터 인간과 지구를 지키는 바른 삶과 기업 경영을 의미하며, 이는 현대의 ESG 경영 철학과 정확히 일치한다.

> 필자는 1987년부터 '녹색삶'의 시대가 온다는 확신으로 '녹색삶길잡이'를 설립, 지금의 '녹색삶지식원'을 운영하고 있다. 이것이 바로 '세계 최초 ESG 경영 연구기관'이다. 필자의 녹색삶은 바로 환경과 무분별한 케미컬의 오남용에서 인간과 지구를 지키는 그린라이프의 바른 삶, 바른 기업 경영, 따뜻하고 인간적인 삶이다. 이런 녹색삶을 위해 정부기관과 국회에서 많은 행정 및 입법 활동을 펼쳤다. 또 우주, 해양, 바이오, 자연치유, 약학, 한의학, 친환경, 소형원자로(SMR) 등의 분야에서 인간과 기업의 녹색삶, 녹색경영을 연구해 왔다.
> 　예견한 대로 ESG라는 거대 권력이 탄생했다. 그동안 모두 이기적인 삶, 탐욕적인 기업경영 활동으로 애써 ESG를 외면했다. 흉내만 내는 그린워싱 체면치레로 영리추구에만 집중해 온 것이다.

> 하지만 세상은 이제 한계에 도달했다. 더 이상 방치하면 지구촌 모두가 함께 멸망하는 길로 접어들 것이다. 그래서 우리는 녹색삶 ESG 경영 실천 운동을 더욱 적극적으로 펼쳐야 한다.
> —2022년 이넷뉴스 "탄소중립 시대, 꿩 먹고 알 먹는 독점시장" 컬럼에서

이상희 장관이 끊임없이 제기해온 '기술과 지식재산을 활용해 고부가가치 시장을 창출한다'는 전략적 틀이 얼마나 견고한지를 보여주는 대표적인 사례가 '녹색삶' 주제이다. 팬데믹이나 기후 위기 등 어떠한 글로벌 환경 변화가 닥쳐오더라도, 그는 이 일관된 렌즈를 통해 상황을 분석하고 새로운 기회를 포착해냈다. 결국, ESG와 탄소중립으로 구현되는 '녹색삶' 주제도 이 장관의 핵심 전략을 현대적으로 적용한 결과물인 것이다.

차세대 미래 산업 바이오(BT)

이상희 장관은 정보기술(IT)과 더불어 바이오산업(BT)을 한국의 미래를 책임질 핵심 성장 동력으로 일관되게 지목한다. 그는 한국이 바이오 분야에서 천혜의 조건을 갖추고 있어 '독보적 경쟁력'을 확보할 수 있다고 보았다.

이는 독일과 프랑스 사이에 낀 스위스(로슈)나 북유럽 강국에 둘러싸인 덴마크(노보 노디스크)가 세계적인 제약 기업을 통해 자신만의 강력한 입지를 구축한 사례와 비견된다. 실제로 로슈(Roche)가 독감 치료제 '타미플루' 하나로 부도 직전에서 벗어나 세계적 기업으로 도약한 사례를 들어 성공 시의 '천문학적' 가치를 역설한다.

> 최근 한일 간 산업기술 갈등과 경제적 분쟁을 경험하면서 이를 계기로 독보적 경쟁력을 갖춘 우리 주력 산업을 개발해야 하는 필요성을 느낀다. 그런 점에서 일본과 중국, 두 강국 사이에 낀 한국은 어떤 산업이 독보적일까? 독일과 프랑스 틈새에 있는 스위스, 북구 강국에 둘러싸인 덴마크, 이 두 나라는 우리와 유사한 입장이다. 스위스의 로슈, 덴마크의 노보 노디스

> 크는 세계적 제약기업이다. 이를 바탕으로 두 강소국은 독보적 바이오산업 경쟁력을 갖췄다.
>
> 한국 바이오산업의 잠재적 경쟁력은 어떠한가? 첫째, 한반도는 대륙 양기와 해양 음기가 융합하기 때문에 토양에 생명에너지가 넘친다. 또한 사계절의 기후 다양성으로 약용 동식물의 종이 다양하다. 따라서 바이오산업의 주원료인 천연물의 1등급 원료 공급이 가능하다. 둘째, 인력 자원의 개성과 다양성, 감성적 창의성이 뛰어나다. 성수대교 참사가 최장의 남해대교를, 삼풍백화점 붕괴가 잠실 롯데 초고층빌딩 건설의 발판이 되었듯이, 불행한 악재도 바이오산업의 촉진제가 될 수 있다. 2016년 전문가 보고서에 따르면 최종 신약으로 탄생할 확률은 불과 9.7% 수준. 어느 산업의 신제품 성공 확률보다 낮다. 또한 임상 비용은 평균 1,000억 원에서 1,500억 원이 소요된다. 그러나 좋은 신약이 개발되었을 때 그 경제적 가치는 분명히 천문학적이다. 부도 직전 스위스 제약회사 로슈는 독감약 타미플루를 독점 공급함으로써 돈방석에 앉았다. 스위스 경제도 부흥시켰다.
>
> —2019년 국제신문 '바이오산업을 국가주력산업으로' 컬럼에서

이 장관은 신약 개발의 성공 확률이 9.7%에 불과하고, 임상 비용은 수천억 원에 달하는 고위험-고수익(High-Risk, High-Reward) 산업의 본질을 강조한다. 그럼에도 바이오산업을 미래 전략 분야로 지목하고, 미생물 기술과 같은 첨단 과학을 활용하여 국가적 난제를 해결하는 비전을 제시했다.

특히 그는 첨단 '에어돔(Air Domes)'을 활용하여 농업의 패러다임을 바꾸는 '제4차 농업혁명'을 촉발하자고 제안한다. 비닐하우스를 초

가삼간에 비유한다면 에어돔은 인텔리전트 빌딩에 해당하며, 여기에 ICT, AI, 생명공학 기술(유익 미생물군 활용 등)을 융합하면 산업혁신이 가능하다는 주장이다.

> 최근 바이오와 정보통신기술(ICT)을 융합한 식물공장이 신성장산업으로 정부의 육성 대상이 되고 있다. 또한 선진국에서는 스마트팜이 새로운 농업으로 각광을 받고 있다. 그러나 기후와 지역 조건에 상관없이, 농업의 기본 틀을 4차 산업혁명형으로 바꾸는 농업혁명은 아니다. 아파트는 지역과 기후조건에 상관없이, 생활공간으로 주거혁명을 가능하게 했다. 이제 에어돔이 아파트처럼 식물 생육 공간에 혁명을 일으키고 있다. 농업은 국가 백년의 기본 정책이라고 한다. 이제 첨단기술산업, 정보통신산업, 지식산업이 융·복합되면서 4차 농업혁명이 태동하고 있다. 식물농장, 스마트팜 등이 새로운 농업혁명으로 싹트고 있다. 식물 생육 아파트인 에어돔을 개발·활용하고 사물인터넷, 빅데이터, 클라우드, 인공지능(AI) 등 ICT 분야와 첨단 바이오기술을 융·복합하면, 농업 전반에 제4차 농업혁명이 확산될 것이다.
>
> −2019년 매일경제 '에어돔으로 제4차 농업혁명 촉발을' 컬럼에서

이 같은 정책적 제안은 국가를 유기체로 보고 과학적 합리성에 기반해 경영해야 한다는 이 장관의 독특한 통치 철학과 함께 혁신 과정에 대한 깊은 이해를 보여준다. 다수의 실패를 겪은 바이오산업을 결함 있는 분야로 보는 대신, 그는 이를 장기적이고 위험 부담이 큰 도전 과정에서 발생하는 필연적인 단계로 받아들였다.

이는 실패를 처벌하는 경직된 문화에서 벗어나, 실패의 위험을 성공을 위한 전제 조건으로 이해하고 감수하는 보다 탄력적이고 벤처 지향적인 국가적 사고방식의 전환을 촉구하는 것이다.

> 과학기술에 관한 현재의 사고방식과 제도로 지식재산 세계경제 전쟁에서 과연 우리는 살아남을 수 있을까? 세계적 줄기세포 연구자, 그리고 스타 과학자 1호로 국민의 사랑을 받고 있는 황우석 교수. 이분은 바로 이러한 상황을 극복하는 데 실패와 성공의 국가적 사례가 될 수 있다는 점에서 이번 논란을 우리가 함께 풀어야 할 과제로 인식해야 할 것이다.
>
> 우선 모든 국민이 염원하는 과학기술이 '황금알을 낳는 거위'가 아닐 수도 있다는 점을 알아야 한다. 기초과학에서는 우수한 연구 성과가 바로 경제적 파급 효과로 이어지지는 않는다. 천신만고 끝에 국제 수준을 앞지르는 연구개발에 성공했다 하더라도, 사업화에는 보이지 않는 무수한 장벽이 존재한다. 특히 신약의 경우 길게는 10년 이상 각종 동물실험과 임상시험을 거쳐야 하고, 더 나아가 국제표준규격은 물론 안전과 윤리 문제도 해결해야 한다. 세계적 연구성과일수록 세계적 시각과 사고로 임해야 한다.
>
> −2005년 중앙일보 '황우석 교수와 국익을 위한 길' 컬럼에서

실제로 이 장관은 리스크가 큰 바이오 등 미래 산업의 혁신을 가로막는 가장 큰 장애물로 '실패를 용납하지 않는 문화'를 지목했다. 그는 "열심히 접시를 닦다가 과실로 접시를 깬" 우수한 연구자와 경영자들이 법적, 사회적 처벌로 인해 좌절하는 현실을 안타까워했다. 선진국이라면 오히려 이들의 경험을 자산으로 여겨 우대할 것이

라며, 우리 사회도 실패한 인재를 '장발장'처럼 특별 사면하여 재기할 기회를 줌으로써 미래 산업의 활력소로 삼아야 한다고 제안했다. 이는 혁신을 위해서는 연구개발 자금 지원만큼이나 '실패를 관리하고 용인하는 사회적, 법적 시스템'이 중요하다는 그의 깊은 통찰을 보여준다.

 어떻게 하면 가장 단기간에 바이오산업을 우리 주력 산업으로 육성할 수 있을까? 핵심은 우수 연구 인력과 우수 경영인 기용이다. 제약업계의 최우수 인력이 겪는 불행한 사례를 소개하고자 한다. 약학 전공, 뛰어난 연구 경력, 국가 과학기술상을 받은 우수 연구자가 경영자로 발탁되면서 다국적기업과 치열한 시장 경쟁과 관행적 위법 영업에 휘말리게 되고, 이로 인해 130억 원에 달하는 벌금과 집행유예가 확정돼 고통을 겪고 있다. 더불어 열악한 경영 환경 속에서 업계의 관행적 과실로 옥고를 치르는 경영자들도 있다. 이들의 공통점은 열심히 접시를 닦다가 과실로 접시를 깬 분들이다. 선진국들은 이들을 더욱 우대하는데 우리는 규제와 법규로 오히려 우수 인력을 매장한다. 이 같은 우수 연구 인력과 경영 인력을 장발장처럼 국경일에 특별사면하면 바이오산업에 활력소가 되고 또한 최우수 경력 선수 확보도 가능하다. 바이오산업은 고부가가치 산업이기에 연구·개발비를 투자할 수 있는 보험 약가의 조정이 시급하다.
 오늘날 우수 인력 확보와 창의적 경영을 적법하게 하게 하는 것이 현실적으로 어렵다. 결론적으로 바이오산업 육성은 제갈공명 같은 획기적 발상과 정책을 전환할 때 가능한 일이다.
―2019년 국제신문 '바이오산업을 국가주력산업으로'에서

풀뿌리 과학 문화 '1국민 1발명 운동'

이상희 장관은 과학기술 강국이 되기 위해서는 정부의 정책과 예산 지원만으로는 부족하며, 국민 개개인의 삶 속에 과학과 발명이 자연스럽게 녹아드는 문화적 토양이 필요하다고 믿었다. 그는 엘리트 중심의 과학기술 정책을 넘어, 전 국민이 참여하는 '풀뿌리 과학 문화'를 조성하기 위한 다양한 아이디어를 제시했다.

> 지구상에서 인체 생리에 따라 국가 경영을 건강하게 하는 전형적인 나라와 민족이 바로 이스라엘과 유대인이다. 우리 정부가 소득주도성장 정책을 고수하고 있지만 이스라엘은 연구개발 주도 성장 정책을 고수하고 있다. 이스라엘은 이를 뒷받침하는 창의성 교육 덕택에 과학기술 분야에서 노벨상을 26% 이상 수상했고, 벤처 창업률은 실리콘밸리에서도 단연 1위를 기록하고 있다. 우리는 어떤가. 입시와 진학 중심의 암기식 전달 교육이 주류를 이루고, 자사고 특목고 외고 등 수월성과 다양성 교육은 억제하기 때문에 후진국형 교육으로 전락하고 있다. 이스라엘의 최대 강점은 기업의 연구개발력과 자율학습의 창의성 교육이다. 그 기본은 특히 중앙정부 두뇌의 선진국형 사고 때문이다. 신체 생리와 국가 경영에 공통적으로 가장 중

> 요한 두 가지는 바로 자유와 사랑이다. 이 두 가지는 인체생리 활성화의 촉진제로서, 만병통치 법칙이라고 한다. 이 같은 인체생리 법칙을 국가 경영에 적용한다면 한국은 창의적 기업 경영의 요람이 될 뿐 아니라 국가 경제 경쟁력과 국제 외교 면에서도 동방의 횃불로 빛날 것이다.
> 　　　　　－2019년 매일경제 '쑨원·마하티르 리더십의 공통점' 컬럼에서

이 장관은 1970년대의 '새마을운동'에 버금가는 범국민적 정신운동으로 '1국민 1발명 운동' 또는 '국민창조운동'을 제안했다. 이는 모든 국민이 발명가적 상상력을 발휘하는 사회를 만들자는 원대한 구상이다.

이러한 문화적 기반을 다지기 위해 그는 상징적인 노력을 기울였다. 1973년 '상공의 날'에 통폐합되었던 '발명의 날'을 부활시키기 위해 끈질기게 캠페인을 벌여, 마침내 1999년 법정기념일로 재지정되는 성과를 이뤄냈다. 그는 이를 통해 발명가들의 사기를 진작하고, 일본처럼 국가가 발명의 중요성을 공식적으로 인정하는 상징적 계기를 마련하고자 했다.

> 정보화시대, 기술전쟁시대에 자원이 빈곤하고 축적 자본이 부족한 우리나라가 국제경쟁력을 높임으로써 경제위기를 극복하고 건실한 미래지향적 선진 조국을 건설하는 데 가장 효율적인 정책수단은 발명 진흥이다.
> 　지난 70년대 근대화의 기틀을 마련하는 데 크게 공헌한 새마을운동을 21세기를 앞둔 지식산업사회에서는 '1국민 1발명 운동'으로 승화시켜 범국민적인 발명 운동을 전개해야 할 때다. 때를 맞춰 특허청이 지식재산 대약진 정책과 10만 발명 꿈나무 양성 운동을 펴는 것은 실로 높이 평가해

> 야 할 것이다.
>   그러나 발명 운동은 특허청 노력만으로 성공하기는 어렵다. 발명가들의 생일이나 다름없는 발명의날을 법정기념일로 제정·부활해 발명진흥의 역사성과 상징성이 확보된 만큼 모든 국민이 신바람나게 발명에 도전해야겠다.
>   바로 국가와 국민이 하나가 돼 양질의 발명을 꾸준히 해냄으로써 발명부국의 길로 나가자는 뜻이다. 모든 국민의 분발과 동참을 간곡히 당부한다.
>
>   -1999년 매일경제 "발명한국' 국민동참 없인 안된다' 컬럼에서

이 장관은 정책의 상징적 힘을 깊이 이해하고 있었다. '발명의 날' 부활 운동이나, 대통령 취임식을 과학관에서 열자는 제안 등은 과학기술의 중요성을 국민적 의제로 끌어올리려는 계산된 행동이었다. 그는 또한 스스로 모범을 보였다. 칠순 잔치를 여는 대신, 자식들이 준 비용으로 '과학사랑 UCC 공모전'을 개최하여 청소년들의 참여를 이끌어냈다.

이는 과학과 창의성이 특정 전문가 집단의 전유물이 아니라 모든 세대가 즐기고 참여하는 문화가 되어야 한다는 그의 신념을 보여주는 상징적인 실천이다. 그의 비전은 정부의 하향식(top-down) 정책 지원과 국민의 상향식(bottom-up) 문화 운동이 결합될 때 비로소 완성되는 것이다.

이상희 대한변리사회장(71)은 요즘 'UCC 할아버지'로 통한다. 과학사랑을 주제로 한 UCC(사용자 제작 콘텐츠)를 직접 만들어 큰 인기를 모은 데다 과학사랑 UCC 공모대회도 열었기 때문이다. 그는 지난해 칠순을 맞아 '칠순 할아버지의 애절한 과학사랑 하소연'이라는 제목으로 UCC 동영상을 만들었다. 감독뿐 아니라 두 손자와 함께 인라인스케이트를 타며 주연배우도 맡았다. 이 동영상은 인터넷에서 수만 건에 달하는 조회 수를 기록할 정도로 인기를 모았다.

이 회장은 "내가 만든 UCC를 보고 과학기술 중요성에 대해 공감했다는 청소년들 댓글이 많았다"며 "과학기술처 장관을 지냈던 사람으로서 학생들의 이러한 인식 변화에 기분이 좋았다"고 말했다.

그는 지난해 500만 원어치 경품을 내걸고 과학사랑 UCC 대회도 열었다. 경품 구입에 사용한 돈은 이 회장 칠순잔치를 위해 자식들이 준비한 돈이었다.

"먹고 즐기는 칠순잔치보다 한 명의 과학두뇌를 찾아야 한다고 생각했어요. 3만 5,000건이 응모했으니 꽤 성공한 대회라고 생각해요."

-2008년 매일경제 '칠순잔치 대신 UCC대회…
과학두뇌 찾아나섰죠' 인터뷰에서

> 인터뷰 요약

청년 창업에 미래 있다

Q. 최근 지식사회 경쟁력의 핵심으로서 두뇌생산성을 강조해왔다. 두뇌생산성을 높이기 위해 어떤 노력을 해야 하나.

"농업사회에서는 논밭에서의 노동생산성을, 산업사회에서는 공장에서의 공장생산성을 중시했다. 오늘날 지식사회에서는 두뇌생산성이 경쟁력의 원천이다. 우리들의 머리에서 돈을 벌 거리가 나오는 세상이다. 전형적인 인물이 영화 '아바타'를 만든 제임스 캐머런 감독, 애플의 스티브 잡스, 마이크로소프트의 빌 게이츠, 이 세 사람이다. 셋 다 대학을 졸업하지 않고 오로지 자신의 뛰어난 두뇌에서 농장이나 공장 대신에 돈을 버는 거대한 지적인 아이디어들이 나왔다. 그러므로 우리도 이제는 두뇌생산성을 올리는 방향으로 교육, 연구, 기업 시스템을 바꾸고 지식사회로 옮아가야 한다. 두뇌생산성에도 여러 가지가 있다. 인문·자연과학·예술 등 다양하다."

Q. 대학평가 기준을 어떻게 바꿔야 두뇌생산성을 높이고 지식사회의 경쟁력을 강화하는 데 도움이 될까.

"결국 두뇌생산성을 올리는 투자가 바로 교육이다. 그런데 사실 이번 교육부의 교육평가는 내가 보기엔 현재 산업사회에 기반한 기준으로 평가했다고 생각한다. 미래의 지식사회를 바탕으로 하지 못한 평가였다. 특히 기존의 대학평가는 학사 운영제도나 학교 경영상태가 중심이었다. 특히 학사 운영은 학생들에 대한 성적평가 등을 주로 살폈다. 나는 지식사회로 가기 위해선 이런 방식을 근본적으로 바꿔야 한다고 생각한다. 지식사회에서 대학은 '대한민국 주식회사'의 중앙연구소, 정부는 기획관리실, 기업은 생산부서 역할을 해야 한다. 중앙연구소 격인 대학은 연구실적을 놓고 평가해야 한다고 생각한다. 하지만 현실은 연구실적의 비중은 낮고 대학의 시설, 재정 상태 같은 다른 영역을 중심으로 평가하고 있다."

Q. 현실적인 대안으로 어떤 게 있나.

"빌 게이츠 같은 사람들을 보면 대학을 졸업하지 않아도 이 사회 전체를 교육공간으로 삼았다. 이처럼 대학은 연구동아리·학습동아리를 만들어 키워내는 게 중요하다. 이를 위해선 대학 실습과제로 창업으로 가기 위한 여러 가지 리포트로 중간고사와 기말고사를 대체해야 한다. 그래야만 우리 학생들이 이스라엘이나 덴마크 같은 교육 강국 출신과 경쟁해서도 살아남을 수 있다. 다양한 학과의 학생들이 모여 머리를 맞대서 나온 리포트를 평가하는 것이다. 시험을 쳐서 한 사람이 학점을 받는 시대는 지났다. 팀워크가 중요하다. 이제는 대학에서도 중간고사나 기말고사 같은 것은 필요하지 않다. 대학이 지식사회의 틀에 맞게 바뀌어야 한다. 석·박사를 2년 혹은 3년으로 기간을 정할 것이 아니라 성과에 따라 1년 만에도 딸 수 있게 해야 한다. 그러면 학생들이 더 효율적으로, 더 열심히 할 것이다."

Q. 창업을 통해 세상을 바꾸는 게임 체인저를 강조해왔다. 이 시대 게임체인저의 의미는 무엇인가.

"쉬운 예로 연구개발은 머리에서 이루어진다. 연구개발이란 뜻으로 흔히 쓰는 R&D란 용어는 사실은 연구(Research)와 개발(Development)의 영문 약자를 딴 것이다. 그런데 달리 생각하면 R&D는 모험(Risk)과 위험(Danger)의 약자이기도 하다. 우리는 흔히 핵심을 제대로 보지 않고 그저 연구개발이라는 표면적인 것만 본다. 모험과 위험을 감수하면서 도전한 사람이 바로 게임체인저다. 1928년 처음 발견돼 42년부터 감염증에 쓰이기 시작한 페니실린은 제2차 세계대전 때 수많은 병사의 목숨을 구했다. 이 역시도 처음에는 개발에 실패해 쓰레기통에 버려진 것에서 시작됐다. 중요한 건 실패에 굴하지 않는 도전 정신이다."

Q. 한국에서 이런 게임체인저를 많이 키우려면 정부나 사회가 어떤 뒷받침을 해야 하나.

"지금의 정부 제도와 조직은 아직 산업사회에 머물러 있다고 생각한다. 이걸 전부 지식사회의 조직으로 바꿔야 한다. 현재의 고시제도 등으로는 앞으로 나가기 쉽지 않다. 현재 공무원의 상당수가 법을 공부한 사람이다. 법은 규격화된 궤도열차다. 하지만 현대 지식사회는 유연한 무궤도 열차다. 따라서 무궤도 열차들을 다룰 수 있는 창의적인 인재들을 관리할 수 있는 정부가 돼야 하는데 우리는 현재 철저히 규격화된 궤도에 있는 사람들이 그 일을 하고 있다. 세상은 지식사회에 들어서고 있는데, 우리 정부는 전문가를 비전문가가 관리하는 형국이다. 중동호흡기증후군(MERS·메르스) 같은 경우도 마찬가지다. 메르스는 아주 고도로 전문적인 분야다. 일반 방역을 하던 사람들이 이를 관리하다 보니 뒷북만 치다가 끝나게 돼 있다. 이런 걸 제대로 관리하려면 첨단 사물인터넷, 클라우드, 빅데이터 등을 활용해서 대응했어야 했다. 문제는 그런 걸 할 수 있는 전문가들이 행정부 안에 없었던 것이다."

Q. 창업 지원을 정부에만 맡길 게 아니라 과학계와 교육계도 나서야 하지 않을까.

"나는 젊은이들이 온라인을 통해서 세계적으로 정보를 수집하고 아이디어를 만들어내면, 장년은 그동안의 관리경험을 거기에 전수해주고, 나이 많은 사람은 경륜을 이용해 조언을 해주는 방안을 제안한다. 나이 많은 이들의 경륜과 장년층의 관리능력, 젊은 층의 아이디어를 결합하는 것이다. 한때 중앙일보와 함께 '창조마을운동'이라는 것을 전개하려고 했는데 바로 이런 이유 때문이다."

Q. 과학기술 분야에서 앞으로 가장 눈여겨봐야 할 분야가 어디라고 생각하는가.

"앞으로 지식사회는 바이오 시대라고 본다. 그래서 가령 나이가 많은 이들이 걸리는 골다공증, 치매 등을 해결해주는 치료제가 나온다면 그 여파가 대단할 것이다. 더불어 우리 사회의 갈등구조가 참 많다. 이러한 갈등구조를 완충하는 기술도 필요하다."

−2015년, 중앙일보

국방력과 산업 경쟁력을 동시에

이상희 장관은 군대가 '기피의 대상'이 아닌, 최고의 인재들이 '가고 싶어 하는 곳'이 되어야 한다고 믿었다. 군 복무 기간을 첨단기술 교육과 경력 개발의 기회로 만든다면, 우수한 인재들이 자연스럽게 군으로 모여들 것이며, 이는 '이공계 기피 현상' 해소와 국방력 강화라는 두 마리 토끼를 동시에 잡는 효과를 낳을 것으로 내다봤다.

실제로 이스라엘의 최정예 군사 기술 인재 양성 프로그램인 '탈피오트(Talpiot)'를 이상적인 모델로 자주 언급했다. 한국도 이 같은 프로그램을 도입해 국방력과 산업 경쟁력을 동시에 강화하는 선순환 구조를 만들어야 한다고 역설했다.

> 우리가 이스라엘로부터 배워야 할 핵심은 그들의 응징전략이 아니다. 오히려 그러한 방어적 응징을 가능케 하고, 오늘날 이스라엘을 첨단산업 강국으로 만든 보다 근본적인 원동력, 바로 첨단 과학기술로 무장한 군(軍) 시스템이다. 이스라엘에는 '탈피오트'라는 엘리트 군 프로그램이 있다. 매년 상위 2% 학생들이 지원해 그중 10%만이 통과할 정도로 엄격하

다. 그들이 받는 훈련과 교육은 최고 엘리트 수준으로 알려져 있다. 이렇게 양성된 인재들은 이스라엘의 생존 문제와 더불어 경제·산업발전에도 막대한 기여를 한다

21세기 군대는 국가방위뿐만 아니라 교육과 첨단산업분야에서도 중요한 역할을 한다. 첨단 과학기술이 집약된 군이야말로 미래 우수 인재 양성과 선도적 첨단기술 개발이 가능한 최적의 집단이다. 오늘날 생활필수품이 된 인터넷도 미국의 첨단 군사기술 결과물인 '알파넷'에서 기원했다. 지금도 미국을 비롯한 세계 주요 국가들은 첨단 기술군 양성을 위해 국방기술과 산업기술을 함께 개발하는 'dual use technology'정책을 펴고 있다. 최고 지도부가 엔지니어 출신인 이웃 중국도 최근 군 수뇌부를 첨단 공군 중심으로 바꾸고 국방예산을 국방기술, 산업기술, 기술인력 양성에 투입하기 시작했다.

이제 우리도 국방경쟁력과 산업경쟁력을 동시에 강화하는 해답을 군에서 찾아야 한다. 우리 군의 우수한 인적자원을 적극 활용하고 첨단 군사기술 개발로 국방력과 산업경쟁력을 동시에 키우는 국가 전략이 필요하다. 국방 R&D예산의 대폭적인 확대와 함께 국가 우수인력의 이공계 유인, 이공계 우수인력의 군 전력화를 위한 한국식 '탈피오트 프로그램'의 도입을 적극 검토해야 한다. 우리 군이 가기 싫은 곳이 아니라 간절히 가고 싶은 곳, 가야만 사회적 성공이 보장되는 곳이 된다면 지금처럼 자존심이 짓밟히는 국가적 불행은 더 이상 없을 것이다.

- 2010년 조선일보 '이스라엘처럼 軍에 가고 싶어야 北 도발 꺾는다' 컬럼에서

가장 독창적이고 일관된 이 장관의 제안 중 하나가 '전자군복무제도(Electronic Military Service System)'이다. 이공계 전공 병역 의무자가

기초군사훈련을 마친 뒤, 자신의 전공과 관련된 중소기업 연구소에서 연구원으로 근무하며 병역을 이행하도록 하자는 것이다. 이는 인터넷 강국의 이점을 살려 '전자지휘전략병과'와 같은 새로운 병과를 신설하고, 이들을 중소기업의 연구개발(R&D) 전선에 투입하자는 파격적인 구상이었다.

어떻게 하면 우리 중소기업도 세분화된 기술전문기업으로 거듭날 수 있을까. 그 처방의 핵심은 바로 연구 인력이다. 어떻게 풀어야 하나?

첫째, 이공계 인력은 기초군사훈련 후 전공과 관련되는 중소기업의 연구인력으로 군복무케 한다. 둘째, 지금의 병역특례는 본질적 문제를 안고 있고 또한 취약 중소기업은 해당되지 않기 때문에, 병역특례 대신 가칭 '전자지휘전략병과'를 신설한다. 셋째, 중소기업 연구인력은 '전자지휘전략병과'에 배속시켜 인터넷 최강국답게 '전자군복무제도'를 연구 발전시킨다. 넷째, '전자복무연구병력'의 머리 자체가 연구실이 될 수 있도록 직무 발명 보상제를 대폭 활성화시킨다. 이를 위해, 연구성과를 내면 정부는 연구 독려 차원에서 보상금을 앞당겨 지불함으로써 전자복무 종료 전에 결혼 준비자금 등을 마련할 수 있도록 한다.

만약 이 같은 제도가 시행되면 어떤 변화가 일어날까? 우선 중소기업의 취약한 연구 전선을 살릴 수 있고, 이공계 기피현상은 물론 우수인력의 이공계 유치도 가능하다. 더욱이, 노벨상 아이디어의 80%가 배출되는 군복무 연령대의 창의적 머리를 이스라엘처럼 연구개발 전선에 투입해서, 국방과 산업기술을 동시에 발전시킬 수 있다. 또한 군 지휘관 예편 시, 기업의 연구관리자로 편입될 수도 있다. 무엇보다, 인간의 투기 심리를 부동산·증권 투기에서 연구개발 투기로 적극 유도함으로써 우리가 중국이라는 몸통

> 위에 머리가 될 수 있다.
> −2008년 조선일보 '전자군복무제로 중기(中企)살리자' 컬럼에서

이상희 장관의 국방 관련 제안들은 '병역'의 개념을 근본적으로 바꾸려는 시도였다. 전통적으로 18개월 이상의 군 복무 기간은 특히 빠르게 변화하는 지식을 습득해야 하는 이공계 인재들에게는 '경력 단절'이자 국가적 생산성 손실로 여겨졌다. 이 장관은 이 기간을 국가의 가장 창의적인 두뇌 자원을 방치하는 거대한 낭비로 보았다. 노벨상급 아이디어의 80%가 군 복무 연령대에 나온다는 그의 주장은 이러한 문제의식에서 비롯된 것이다. 그의 '전자군복무제도'는 징병이라는 '국가적 의무'를 중소기업 R&D 역량 강화와 인재 양성이라는 '국가적 투자' 활동으로 전환하려는 혁명적인 발상이었다. 이는 국방, 경제, 교육 문제를 하나의 통합된 해법으로 풀려는 그의 시스템적 사고를 잘 보여준다.

기사 요약

다시 주목받는 '10만 해커 양병설'

 국내 주요 기관 인터넷 사이트에 대한 분산서비스거부(DDoS) 공격으로 온 나라가 홍역을 치르고 있는 가운데 과학기술처장관을 지낸 이상희 전 의원이 13년 전에 제기했던 '10만 해커 양병설'이 새롭게 주목을 받고 있다.
 이 전 의원은 1996년 당시 부산 남구에서 신한국당 후보로 출마하면서 국방 정보화와 교육 정보화를 공약으로 내걸었는데 국방 정보화 공약의 핵심이 '10만 해커 양병설'이었다.

 앞으로 전쟁은 사이버 전쟁이 될 것이고, 사이버전에서 효율적으로 공격하거나 방어하려면 하드웨어 중심의 군 시스템을 바꿔 전자군복무제를 도입, 온라인을 통해 운영되는 해커부대를 창설하자는 것이 그의 주장이었다.

정보화 능력이 뛰어난 인력을 군에서 지정하는 정보기술(IT)업체나 방위산업체 등에서 근무하도록 하고, 온라인으로 지휘·통제하면서 사이버 테러 및 대응능력을 갖추도록 하자는 지론이었던 것.

하지만 당시 이 전 의원의 주장은 조선시대 문신이자 학자인 율곡 이이 선생이 임진왜란 이전에 제기했던 '10만 양병설'과 같은 뜬금없는 얘기로 치부되고 말았다.

이 전 의원은 "총선 당시는 물론 국회 상임위원회 질의 등을 통해 '10만 해커 양병설'을 계속 주장했지만, 정부 등에서는 콧방귀도 뀌지 않았다"면서 "자동차에 가속페달과 제동장치가 동시에 있는 것처럼 정보화에도 사이버 테러를 막는 '음(陰)의 기술'을 함께 키워야 한다"고 주장했다.

-2009년 07. 10 연합뉴스

생존의 필수 조건, '지식재산입국'

이상희 장관은 더 이상 노동과 자본이 아닌, 인간의 머리에서 나오는 창의적 아이디어, 즉 특허로 대표되는 지식재산이 국가의 운명을 결정하는 시대가 도래했음을 역설했다.

따라서 그가 제시한 국가적 담론에서 가장 핵심적인 개념은 단연 '지식재산입국(知識財産立國)'이다. 이는 단순한 경제 정책 차원을 넘어, 국가의 정체성과 시스템 자체를 근본적으로 재편하는 것을 의미한다. 즉, 지식재산의 창출, 보호, 활용이 국가 성장을 이끄는 핵심 성장 동력이자 국력의 척도가 되는 생태계를 구축하자는 것이다.

이 장관은 21세기를 노동이나 자본이 아닌, 특허를 가진 자가 최후의 승자가 되는 시대로 규정하며, 지식재산이야말로 선진강국들의 핵심 성장 동력이라고 역설한다. 이러한 관점에서 '발명은 특허의 씨앗'이며, 이 씨앗은 경제적 부를 창출하는 희망의 원천으로 묘사된다.

> '사랑은 눈물의 씨앗'이라고 불렀던 대중가요처럼, 분명히 '발명은 특허의 씨앗'임에 틀림없다. 그러나 사랑이라는 씨앗이 눈물로 가슴 아프게 하는 것과는 달리, 발명이란 씨앗은 특허를 통해 누구의 가슴도 아프게 하지 않고 새싹을 틔워서 많은 경제적 부를 창출한다. 노동, 자본, 특허, 이 세 가지 중에 특허를 가진 자가 최후의 승자가 되는 시대가 다름 아닌 21세기의 특징이다. '국민발명운동' '특허전쟁'이라는 말이 요즘 심심찮게 등장하는 것이 이 때문이다. 특허를 포함한 지식재산이야말로 선진강국들의 핵심 성장엔진이고, 21세기 자본주의를 상징하는 주요한 괴물(?)이다.
>
> −2005년 부산일보 '머리로 먹고 살아야!' 컬럼에서

이러한 국가적 전환의 필요성은 단순한 경제 성장을 넘어 국가의 운명과 직결되는 문제로 제시된다. 지식재산권 문제는 정보기술(IT)와 생명공학(BT)뿐만 아니라 모든 첨단 산업 분야에서 국가의 미래를 좌우할 수 있는 결정적 변수라는 것이다.

따라서 국가 시스템을 지식기반사회, 즉 '두뇌기반사회'에 적합하게 개선하는 것이 가장 시급한 과제로 꼽힌다. 국민 개개인이 창의적 두뇌 활동을 통해 발명을 하고, 특허를 생산하며, 이를 수출까지 할 수 있는 시스템을 갖춘다면 국가 경제는 필연적으로 성장할 수밖에 없다는 논리다.

> 특허전쟁 시대에 국가경쟁력을 강화하기 위해서는 소송제도의 정비뿐만 아니라 정부조직 자체도 과학기술 기반의 지식재산권 창출을 유도할 수 있도록 개혁해야 한다. 범부처적인 지식재산 정책추진을 위해서 국가지식

재산위원회에 좀 더 많은 힘을 싣고 지식재산권청을 신설하는 등 우리나라 국가 틀을 지식국가로 바꾸어야 한다. 우리나라가 하루빨리 선진국 대열에 들어서고, 거대 중국의 머리가 되기 위해서는 지식두뇌국가로 개혁하는 것만이 유일한 생존전략이 아닐까 한다.

-2011년 세계일보 '세계는 특허전쟁' 컬럼에서

'지식재산입국'의 근본적인 경제 논리는 유형자산에서 무형자산으로의 가치 이동에 있다. 이상희 장관은 미국의 사례를 들어, 과거에는 논밭과 공장에서 생산되는 유형자산이 부의 원천이었지만, 오늘날에는 사람의 '머리'에서 생산되는 무형자산이 기업 및 국가 자산의 80%를 차지하는 역전 현상이 일어났다고 분석한다.

오늘 세계경제의 계절적 특성은 무엇인가? 과거의 논밭토지 생산성의 농업경제, 공장기계 생산성의 산업경제를 거쳐 오늘날 우리는 사람 두뇌 생산성의 지식경제시대에 살고 있다. 과거에는 농업생산성과 산업생산성을 높이기 위한 연구에 많이 투자했다. 그러나 이제는 산업구조도 지식산업구조로 획기적으로 개편되고 있으며, 이 같은 노력 자체가 국가 경제체질을 세계경제의 계절적 특성에 맞도록 개혁하는 과정이다. 실제로 세계무역기구(WTO)와 우루과이라운드의 핵심 분야가 농산품→공산품→지식재산권으로 옮겨가고 있다. 유럽연합(EU), 북미자유무역협정(NAFTA) 등 경제블록도 점차 지적재산블록으로 변화하고 있고, EU는 이미 EU 특허청을 설립하기도 했다. 그리고 오늘날 미국의 예를 보면 논밭.공장에서 생산되는 유형자산이 20%, 머리에서 생산되는 무형자산이 80%로, 기업 및 국가의 자산비율이 과거와는 정반대로 역전되었다.

- 2004년 중앙일보 '두뇌생산성 높여야 경제난 넘는다' 컬럼에서

이러한 패러다임 전환에 따라, 한국은 더 이상 생산을 담당하는 '몸통'에 머물러서는 안 되며, 거대한 중국 경제의 '머리'가 되어야 한다는 전략적 방향을 제시한다. 즉, 중국의 고도성장이라는 거대한 파도에 생산력으로 경쟁하는 것이 아니라, 핵심 기술과 지식재산을 제공함으로써 그 성장의 과실을 공유하는 방식으로 올라타야 한다는 것이다. 이는 단순히 경제 구조를 바꾸는 것을 넘어, 국가의 역할과 정체성을 재정의하는 중대한 전환을 의미한다.

최근 우리나라가 안고 있는 어려운 문제들이 한두 가지가 아니다. 중국의 동북공정, 일본과의 독도 갈등, 북한의 지속적 도발, 남북 통일, 국제 환율 문제 등 이런 문제들을 한 번에 해결할 수는 없을까? 그것은 바로 중국의 머리가 되는 길이다. 중국의 13억이라는 거대한 몸통을 우리에게 유리한 방향으로 움직일 수 있다. 그 기본은 과학기술과 창의적 디지털 교육으로 디지털 영재를 양성하는 데 있다. 인간의 두뇌는 생명과 직결되는 가장 중요한 기관이다. 무게는 전체의 3%밖에 되지 않지만 에너지 사용은 타 기관의 여섯 배에 이른다. 두뇌의 노화는 인체의 노화이며, 두뇌의 기능 정지는 바로 사망과 다름없다. 만약 우리가 국제사회의 두뇌가 된다면 비록 작은 나라이지만 세계의 중심국이 되는 것이다.

- 2010년 중앙일보 '창의력 길러줄 '두뇌발전소' 양성해야' 컬럼에서

과학자, 변리사, 4선 국회의원, 그리고 과학기술처 장관에 이르기

까지, 이 장관의 다채로운 경력은 대한민국이 나아가야 할 길에 대한 깊고 일관된 통찰로 수렴된다. 그가 남긴 수많은 기록의 중심에는 '사람', 즉 '창의적 인재'가 국가의 운명을 결정하는 가장 핵심적인 자원이라는 신념이 자리 잡고 있다. 그에게 인재 양성은 단순한 교육 정책을 넘어, '지식재산입국'이라는 국가 생존 전략의 성패를 좌우하는 가장 근본적인 과제였다.

> 세계는 바야흐로 생산성 중심의 산업시대를 지나, 창의성 중심의 지식기반시대로 진입했다. 지식기반사회에서 국가 경쟁력은 생산성이 아니라 머리의 창의성에 의해 결정될 수밖에 없다. 그런 시대성의 최전선에 빌 게이츠, 스티브 잡스, 제임스 카메룬과 같은 창의적 영재들이 있다. 이들 3인의 대학 중퇴자가 창의성을 무기로 세계를 주름잡고 있는 이때에, 우리 교육은 창의성은커녕 도리어 아이들을 정신적 고뇌에 빠지게 하니 안타깝기만 하다.
>
> 세계 각국은 창의적 인재 양성에 사활을 걸고 있다. 미국 오바마 대통령이 최우선 역점사업으로 내세우는 혁신교육의 핵심도 바로 창의성이다. 지난달 오바마 대통령은 미국 교육정책의 목적이 과학·기술·공학·수학 등 4개 과목(STEM)에 대한 적극적인 흥미를 유발하는 새로운 교육기법의 개발이라 밝혔다.
>
> —2005년 부산일보 '머리로 먹고 살아야!' 컬럼에서

이처럼 지식재산 문제를 단순한 경제 정책의 하나로 취급하지 않고, '국운'이나 '국가생존전략'과 같은 비상한 용어를 사용하는 것은

이상희 장관의 의도적인 표현이다. 이는 기술 종속이라는 보이지 않는 위협의 심각성을 일반인과 정치권에 강력하게 각인시키기 위한 충격 요법이다. 실존적 위기감을 조성하지 않고서는, 지식재산정책이 단편적인 논의에 머물러서는 국가적 차원의 총체적 개혁을 이끌어낼 수 없다는 깊은 통찰이 담겨 있다.

기사 요약

지식재산(IP) 강국을 향한 열정, 이상희 前 회장 별세 향년 85세

　대한민국의 과학자이자 변리사, 그리고 정치인으로 지식재산(IP) 분야에 큰 업적을 남긴 이상희 전 세계한인지식재산협회(WIPA) 회장이 향년 85세로 9월 13일 별세했다. 지난 1938년 경북 청도군에서 태어난 故人은 과학기술처 장관과 4선 국회의원을 지냈으며, 한국발명진흥회 회장과 대한변리사회장을 연임하는 등 '과학기술통' 정치인으로 활동하며 지식재산(IP) 저변 확대에 힘썼다.

　서울대 약학과를 졸업한 故 이상희 회장은 1973년에 변리사 시험에 합격했으며, 제32·34·35대 대한변리사회장을 연임하면서 우리나라 IP 정책의 기본 틀인 '지식재산기본법' 수립을 주도했다. 이 기간 동안 그는 법정단체로서 변리사회 위상 제고는 물론, 국회에 변호사와 변리사의 특허소송공동대리 법안 제출 등 굵직굵직한 성과들을 일궈냈다.

▲ 지난 2010년 대한변리사회 정기총회에서 故 이상희 회장은 90%가 넘는 압도적인 찬성표로 제35대 회장에 연임됐다.

지난 2013년 5월, 故人은 전 세계에서 활동하는 한인 지식재산전문가(변리사, 변호사, 기업체 관계자, 교수 등)들의 네트워킹 조직인 세계한인지식재산협회(WIPA)를 창립하고, 초대 회장에 선출되는 등 우리나라 지식재산 경쟁력 제고 및 위상 강화에 크게 기여했다.

최근까지도 故 이상희 회장은 지식재산 중심의 사회 생태계를 지향하는 녹색삶지식원 이사장과 1,200여 명의 여야 원로 정치인 모임인 대한민국헌정회가 세운 '국가과학기술 헌정자문회의' 의장 등을 맡아 왕성하게 활동했다.

평소 故人은 어느 자리, 누구 앞에서든 "대량생산과 거대 공룡이 지배하던 시대가 저물고 있습니다. 이제는 지식재산과 자본이 결합하고, 쉽게 거래되는 지식재산 사회입니다. 큰 조직 속에서 삶을 안주하려 하지 말고, 창의성을 바탕으로 세상에 도전장을 내밉시다"고 일갈(一喝)했다.

지난 2012년 10월, 故 이상희 회장은 전 세계 20여 개국 지식재산권 민간단체 대표들 모임인 'Global IP Summit' 서울유치 및 성공적인 대회 개최를 통해 '서울 선언'을 이끌어냈다. 그리고 2013년에는 세계한인지식재산협회(WIPA) 창립을 주도했다.

▲ 지난 2015년 4월, 故 이상희 회장이 이끈 세계한인지식재산협회(WIPA)는 국회의원회관에서 '대한민국 지식재산의 날을 국가기념일로 추진하는 선포식'을 개최했다. 앞줄 왼쪽 7번째가 故 이상희 회장이다.

이를 기반으로 2015년 4월, 세계한인지식재산협회(WIPA)는 국회 대한민국 세계 특허(IP) 허브국가 추진위원회(공동대표 정갑윤 국회부의장, 원혜영 의원, 이광형 카이스트 미래전략대학원장)와 함께 국회의원 회관에서 '대한민국 지식재산의 날'을 국가기념일로 추진하는 선포식을 열었다.

이 자리에서 故人은 "미국이 지식국가를 건설하기 위해 백악관에 지식재산 집행관을 설치하고, 250년간 고수하던 선발명주의를 버리고 선출원주의로 고쳤다"면서 "새시대에 맞는 지식재산은 감성과 이성이 조화를 이뤄야 한다"고 강조했다.

세계한인지식재산협회(WIPA)는 미국, 중국, 일본, 유럽 등 전 세계에서 활동하고 있는 변리사, 변호사, IP-서비스 분야 전문가, 기업 관계자 등을 하나로 연결하는 글로벌 한인 IP 네트워크(World Intellectual Property Association of Korean Practitioners)이다. 국내외 인재의 교류, 전 세계 지식재산 정보의 교환, 새로운 글로벌 지식재산 비즈니스 창출과 활성화 지원 등을 추진한다. 2018년 미주한인상공회의소 총연합회(총회장 강영기)와 미국에서 업무협력 협약을 체결한 이후, 미주한인상공회의소 총연합회와 함께 한국의 중견중소벤처기업의 미국 진출도 지원하고 있다.

이후에도 故 이상희 회장은 지역 지식재산의 창조적인 발굴과 효율적 활용을 통한 벤처 사업화를 내용으로 하는 '창조마을운동'을 선도하며 국내는 물론 인도네시아 등 해외 일자리 창출에도 앞장섰다. 이 기간동안 故人은 "이제 산업사회를 넘어 머릿속에서 나온 아이디어가 부를 창출하는 지식경제 시대가 왔다"라며 "과거의 새마을운동처럼 1국민 1발명 슬로건으로 IP강국 대한민국을 만들겠다는 목표는 지금과 딱 맞아 떨어진다"고 주장해 왔다.

▲ 지난 2013년 11월, 서울 도곡동 캠퍼스에서 열린 '제3회 지식재산대상' 시상식 장면. 앞줄 왼쪽 4번째가 故 이상희 회장이다.

이 같은 공로를 인정받아 2013년 '제3회 지식재산대상' 시상식에서 故 이상희 회장은 '지식재산 기반'부문 수상자로 선정됐다. 지식재산대상은 미래 국가경쟁력의 핵심 원천인 특허·저작권·브랜드 등 지식재산 기반조성과 그 창출·활용·소송을 통한 보호 활동을 통해 국가경쟁력 향상에 기여한 개인이나 단체에게 수여하는 상이다.

시상식 특강에서 故人은 "지식사회의 특징은 사람과 지식재산 간의 네트워크 협동과 지식재산형 창업, 그리고 지방 분산화가 핵심"이라며 "노키아가 몰락한 후 핀란드가 지식재산을 활용한 전문기업 창업과 지방 분산화를 추구한 것처럼 우리도 이제 지역과 시대적 환경변화에 빠르게 적응해 지식형 창조마을 국가로 나가야 한다"고 강조했다.

故 이상희 회장은 평생을 과학 기반의 '지식재산' 생태계 발전에 빠져 살았다. 한국이 세계 과학기술을 이끌고, 지식재산(IP) 강국으로 우뚝 서는 날을 꿈꾸며 모든 열정을 바쳤다. 기존 틀을 뛰어넘는 故人의 과학자적 상상과 미래 지식사회를 향한 확신에 찬 발걸음은 이제부터가 시작이다.

제4부
추모 헌정의 글

나의 동지이자 선배,
故 이상희 장관을 그리며

강창희(전 국회의장)

고(故) 이상희 장관의 부고를 들었을 때, 저는 한 시대의 큰 기둥이 쓰러졌음을 직감했습니다. 그분은 저에게 단순한 정치 선배나 과학기술부 전임 장관을 넘어, 국가의 백년대계를 함께 고민했던 동지이자 따뜻한 형님 같은 분이셨습니다.

과학기술분야로 국정 전반을 꿰뚫는 혜안을 가지셨던 이상희 장관을 저는 사석에서 늘 '형님'이라고 부르며 오랜 인연을 이어갔습니다. 강직했으나 소탈한 성품으로 주변을 편안하게 만드는 분이셨습니다. 그 덕에 우리는 11대, 12대 국회에서 의정활동을 함께하며 스스럼없이 국가의 미래를 논하는 막역한 사이가 될 수 있었습니다.

특히 제가 그분의 뒤를 이어 과학기술처 장관직을 맡았을 때, 고인의 혜안과 열정은 저에게 큰 등불이 되었습니다. 1980년대, 대한민국이 기술 불모지에서 막 벗어나려 몸부림치던 시절, 고인께서는 이미 '기술주권'과 '지식재산 전쟁'을 예견하며 과학기술입국의 초석을 다지셨습니다. 대덕연구단지를 세계적 연구 허브로 키우고, 특정연구개발사업을 통해 국가 핵심 기술의 기틀을 마련하신 그분의 업적 위에서 저 또한 소임을 다할 수 있었습니다.

우리는 의원 시절이나 장관 시절이나 늘 같은 꿈을 꾸었습니다. 바로 과학기술의 힘으로 우리 후손들이 잘사는 나라, 누구도 넘볼 수 없는 강한 나라를 만드는 것이었습니다. 시대를 너무나 앞서갔던 그의 선구자적 외침은 이제야 우리 사회의 절실한 과제가 되었습니다.

따뜻한 인간미와 미래를 내다보는 날카로운 통찰력을 겸비했던 나의 동지이자 형님인 이상희 장관. 그의 빈자리가 오늘따라 더욱 크게 느껴집니다. 이 책이 그의 숭고한 정신과 지혜를 후세에 전하는 귀한 유산이 되기를 진심으로 기원하며, 삼가 고인의 영면을 빕니다.

시대를 앞서간 거인,
지식재산강국의 선구자를 기리며

이광형(카이스트 총장)

대한민국의 미래를 환히 밝히셨던 큰 별, 故 이상희 장관님의 빈자리를 생각하면 지금도 가슴이 먹먹해집니다. 그분은 단순한 정치인이나 행정가를 넘어, 다가올 미래를 정확히 꿰뚫어 본 위대한 선각자이셨습니다.

저는 오래전부터 '지식재산(IP)이 국가의 운명을 결정할 것'이라는 장관님의 혜안에 깊은 존경심을 품어왔습니다. 제가 '대한민국 세계특허(IP) 허브 국가 추진위원회'의 공동대표를 맡아 '지식재산의 날' 국가기념일 제정을 위해 뛸 때, 장관님께서는 누구보다 든든한 버팀목이자 정신적 지주가 되어 주셨습니다. 모든 활동의 중심에는 항상 장관님의 뜨거운 열정과 '지식재산강국'이라는 담대한 비전이 살아 숨 쉬고 있었습니다. 그분의 확신에 찬 모습이 지금도 눈에 선합니다.

고인께서 수십 년 전부터 외치셨던 '특허전쟁'과 '창의적 인재 양성'은 이제 대한민국의 가장 중요한 국가적 과제가 되었습니다. 그분의 선구자적 외침이 없었다면, 오늘날 우리가 자랑하는 과학기술 강국의 위상도 없었을 것입니다. KAIST가 과학기술 인재를 양성하고 새로운 지식을 창출하는 것 역시, 장관님께서 평생을 바쳐 닦아 놓으신 길 위에서 가능한 일이었습니다.

고인께서 뿌리신 씨앗은 이제 싹을 틔워 큰 나무로 자라나고 있습니다. 제가 지식재산위원회의 위원장 소임을 맡게 된 것도, 최근 특허청이 '지식재산처'로 승격되어 국가의 지식재산 컨트롤 타워로 거듭난 것도, 모두 평생을 바쳐 길을 닦으신 장관님의 선구안 덕분입니다. 그분의 꿈이 현실이 되는 것을 보며 더욱 깊은 존경과 그리움을 느낍니다.

비록 장관님은 우리 곁을 떠나셨지만, 그분이 남기신 '과학기술로 부강한 나라, 지식재산으로 존경받는 나라'의 꿈은 이제 우리 모두의 몫이 되었습니다. 이 책이 장관님의 숭고한 뜻을 이어받아 미래 세대에게 새로운 도전과 영감을 주는 등불이 되기를 소망하며, 진심으로 고인의 명복을 빕니다.

언제나 내일을 사셨던
이상희 선생을 그리며

고은(시인)

이상희 선생에게는 언제나 오늘이 내일입니다.

정치 원로로서의 그는 정치를 멈추었으나, 과학 원로로서의 그는 언제까지나 과학의 내일을 살고 있습니다.

내가 시와 과학의 어떤 융합을 구상했을 때 그는 온몸으로 지지했습니다.
그래서 우리는 단박에 동지애를 나누었습니다.

만남을 거듭하는 동안 우리는 그 당시로는 아직 생소했던 지식재산의 중요성을 함께 확인하기에 이르렀습니다. 우리는 기술이 특허나 법적 등재의 문제를 넘어 문화와 예술 전반의 범주화로 나아가야 한다는 데 동의했습니다.

이 과정에서 '재식재산의 날'을 국가기념일로 제정하는 문제에 초석을 놓을 수 있었습니다.

어디 그뿐이겠습니까. 그와 내가 꿈꾸었던 것들!

새삼 이 선생의 생전의 열정이 그립습니다.

선구자의 길 위에서

권도중(변호사, 녹색삶미래연구소 상임대표)

제가 처음 녹색삶지식원의 문을 열고 장관님을 찾아뵈었을 때, 유독 호랑이를 그린 그림들과 장식품들이 많았습니다. 그때 저는 장관님께서 마치 호랑이의 기상을 닮으신 분이라는 인상을 받았습니다. 띠동갑이라는 세대의 간격을 뛰어넘어 나눈 첫 대화의 주제는 국방, 외교, 과학기술, 경제발전 등 다방면에 걸쳐 있었고, 시간 가는 줄 모를 만큼 흥미진진했습니다. 그 후 몇 차례 반주가 곁들여진 저녁 자리에서는 흥겨움 속에 시를 읊으시고 노래를 부르시던, 낭만적인 어르신의 모습이 떠오릅니다.

저에게 고(故) 이상희 장관님은 단순히 친구의 아버님을 넘어, 인생을 어떻게 살아야 가치 있는지 몸소 보여주신 드문 분이셨습니다. 나 자신을 넘어 사회와 세상을 이롭게 하려는 장관님의 철학은 제 안에 잠들어 있던 어린 시절의 소망을 다시 일깨워 주었습니다.

그러한 장관님의 철학과 신념은 저의 가치관과도 깊이 맞닿아 있습니다. 법조인으로서 더 나은 세상을 만들고자 하는 제 길 위에서, 장관님께서 보여주신 방향과 뜻은 큰 울림이 되었고, 자연스럽게 그 길을 함께 걷고자 하는 마음을 품게 되었습니다. 이러한 공감과 인연으로 저는 녹색삶미래연구소의 한 일원으로 참여하게 되었으며, 장관님께서 제시하신 비전을 제 삶 속에서 이어가고자 합니다.

늘 겸손하게 후배들에게 다가오시며, 나라를 위해 해야 할 일을 쉼 없이 이야기해 주시던 장관님의 모습은 지금도 마음에 깊이 남아 있습니다. 세월이 흘러도 그리움은 여전히 선명하며, 장관님의 말씀 하나하나는 제 안에서 살아 움직이고 있습니다.

이번에 발간되는 추모기념 책은 단순한 기록을 넘어, 장관님께서 남기신 정신과 업적을 다음 세대가 함께 기억하고 계승해야 할 소중한 이정표가 될 것입니다. 저 또한 법조인으로서, 그리고 연구소의 동행자로서, 장관님의 뜻을 이어 사회 속에서 실천하며 나아가겠습니다.

스승의 가르침, 지식재산의 길잡이

최동규 (전 특허청장)

저의 공직 생활은 특허청에서 시작되었지만, 이후 외교부로 자리를 옮겨 주케냐 대사로 재직하던 중 갑작스럽게 특허청장으로 돌아오게 되었습니다. 얼떨떨하던 그 시절, 저에게 이 장관님은 국가 발전을 위해 지식재산제도를 어떻게 운영해야 하는지에 대한 명확한 방향과 아이디어를 심어주신 스승이셨습니다.

취임 직후 작은 식당에서 장관님을 처음 뵈었던 기억이 아직도 생생합니다. 경륜으로 보나 지식으로 보나 감히 견줄 수 없는 후배에게도 결코 권위적인 태도를 보이지 않으셨습니다. 대신 우리나라를 지식재산 강국으로 만들기 위해 해야 할 일들에 대해 끝없이 말씀해 주셨습니다. 그 말씀 속에는 깊은 통찰과 함께, 나라를 위한 뜨거운 열정이 담겨 있었습니다.

돌이켜보면 재직하는 동안 그 말씀해 주신 방책들 가운데 10분의 1이라도 더 실현했어야 했다는 아쉬움이 늘 남아 있습니다. 그러나 그 아쉬움만큼이나, 고인에 대한 그리움은 공직을 떠난 후에도 순간순간 제 마음속을 스쳐가며 여전히 큰 울림을 주고 있습니다.

이제라도 이 장관님의 생각과 업적을 한데 모아 기록한 책이 발간되게 된 것을 기쁘게 생각합니다. 저 역시 이 귀한 책자에 작은 한 줄이라도 추모의 마음을 올릴 수 있게 된 것을 감사히 여기며, 큰 영광으로 받아들입니다.

이 장관님의 혜안과 정신은 저뿐 아니라 우리 모두에게 여전히 살아 있는 가르침입니다. 그 뜻이 이어져 대한민국이 진정한 지식재산 강국으로 나아가는 길에 길잡이가 되기를 간절히 바랍니다.

이상희 장관님,
청소년의 꿈을 우주로 열다

서상기(한국과학우주청소년단 총재, 전 국회의원)

과학우주청소년단의 역사를 돌이켜보면, 그 시작에는 언제나 고 ⁽故⁾ 이상희 장관님이 계셨습니다. 1989년, 장관님께서는 청소년들이 과학과 우주를 통해 더 큰 꿈을 품을 수 있도록 대한민국 최초의 과학우주청소년단을 창립하셨습니다. 당시만 해도 생소했던 과학체험 교육을 학교 현장에 도입하시고, 청소년들이 직접 우주와 과학을 체험하며 미래를 그릴 수 있도록 길을 열어주셨습니다.

그 정신은 단순한 교육을 넘어선 것이었습니다. 청소년들이 과학을 통해 인류와 사회에 기여할 수 있는 큰 사람으로 성장해야 한다는 믿음이었습니다. 그래서 과학우주청소년단은 단순한 활동 단체가 아니라, 청소년들이 꿈을 키우고 세상을 바라보는 눈을 넓히는 특별한 장이 될 수 있었습니다.

2011년부터 총재로서 단체를 이끌어 오며 늘 마음속에 새긴 것은, 우리가 결코 창립자의 정신을 잊어서는 안 된다는 점입니다. 장관님께서 남기신 유산이 있었기에 오늘의 과학우주청소년단이 있고, 지금도 전국 수많은 학교와 청소년들이 이 뜻을 이어가고 있습니다.

현실은 쉽지 않습니다. 교육 환경도 빠르게 변하고, 과학기술의 흐름도 눈부시게 바뀌고 있습니다. 그러나 그 속에서도 우리는 용기를 잃지 않을 것입니다. 장관님께서 꿈꾸셨던 것처럼, 청소년들이 여전히 별을 바라보며 더 큰 미래를 그릴 수 있도록, 과학우주청소년단은 앞으로도 흔들림 없이 나아가겠습니다.

이상희 장관님은 저희에게 길을 열어주신 분이자, 청소년들의 미래 속에 여전히 살아 계신 분입니다. 장관님의 정신은 단체를 통해, 그리고 청소년들의 가슴 속에서 오래도록 이어질 것입니다.

녹색삶으로 미래를 선도하신
이상희 박사님을 경모합니다

이계준 (서울대학교 명예교수)

저는 대학에 입학한 1964년에 이상희 선배님을 처음 뵈었습니다. 도서관에 늘 계시는 이 선배님은 후배들을 늘 자상하게 지도해 주셨습니다. 저는 대학을 졸업한 후에도 이 박사님을 종종 찾아뵙고 미래를 준비하는 연구자로서 정서를 공유하였습니다.

제가 이 박사님과 미래를 위한 창조적인 일에 참여한 것은 1984년입니다. 당시에 이 박사님은 재선 국회의원으로 과학의 중요성을 강조하시며 미래를 위하여 국가적 과제를 설정하고 입법을 통하여 영속적으로 지원하도록 하셨습니다. '유전공학 연구 육성법' '대체에너지 자원개발 지원법' 기초연구 육성법' 등 7~8개의 법률(안)을 동시에 추진하셨습니다. 해당 법률(안) 작성을 위하여 전문가와 아침 6시에 조찬 모임으로 토론하셨습니다. 이 의원님께서는 이후 장관 등 여러 직위에 재임하시며 국가에 헌신하셨습니다. 유전공학 연구 육성법, 대체에너지 자원개발 지원법, 기초연구 육성법 등을 통하여

기초학문 창달과 원천기술 개발을 촉진하는 법을 제정한 것은 분명 선각자의 예지(叡智)입니다.

모든 삶의 중심은 에너지입니다. 하늘(天)에서 오는 에너지를 받아 지구(地)의 원소들이 결합(化)하여 삶이 이어(育)집니다. 天地化育! 이 엄연한 순항(順航)의 중심에는 엽록소(葉綠素)가 있습니다. 녹색을 내는 엽록소의 작용으로 삶이 이어집니다. 녹색은 밝은 미래를 향해 달려야 하는 출발의 신호이며 뛰는 힘을 줍니다. 이 박사님께서 예지적으로 주창하시고 능동적으로 사신 삶을 한 말로 축약한다면 '녹색'입니다. 이 박사님은 더 밝은 미래를 향하는 행군의 신호를 보내고 동력을 부여한 선각자로 사셨습니다.

선각자의 삶은 항상 앞으로 가야 하는 법! – Nevertheless I must walk today, and tomorrow and the day following – Verumtamen operate me hodie et cras et swquenti die amblare! – 路漫漫其修遠兮 吾將上下而求索– 가야 할 길이 아득하고 어려워도 늘 위아래 살펴 스스로 길을 열어 앞으로 나아가는 삶!

이 박사님께서 다지신 녹색삶엔 그침이 없기에 우리는 지금 더 나은 녹색삶을 향하는 항해를 이어가는 것입니다. 녹색삶! 주창하시고 많은 업적을 이룩하신 이 박사님을 경모(景慕)하며 삼가 명복(冥福)을 빕니다.

이상희 과기처 장관님,
시대를 앞서 본 혜안과 함께한 길

류장수(홈스(주) 회장, AP위성, 전 AP시스템 회장)

이상희 장관님, 그립습니다.

2023년 9월, 해외 출장 중 한번 보자는 통화를 받고 귀국 즉시 뵈었는데 그것이 마지막 만남이 되었습니다. 곧 다음 달이면 2주년이 된다니 마지막으로 뵈었을 때의 모습과 말씀이 바로 어제와 같이 떠오릅니다.

이상희 장관님이 국회의원이셨던 1985년 여름, KAIST 박사과정을 마친 지 얼마 되지 않은 저에게 항공우주산업육성법, 대체에너지육성법, 해양개발기본법 등 21세기를 앞두고 우리나라가 기술 강국으로 우뚝 서기 위한 입법을 추진하시면서 실무를 맡기신 것이 이상희 장관님과의 인연의 시작이었습니다.

법안 이외에도 한국우주소년단 설립, 한국경제정책연구원설립 등 해야 할 업무가 끝도 없고 힘들어서 2년 하기로 했던 근무를 1년

반 만에 마감하고 떠나게 되었는데 어느덧 40년이라는 세월이 흘렀습니다. 이후에도 직접 돕지는 못했지만, 우리나라의 발전에 필요한 이루 셀 수 없을 정도의 많은 활동을 하시는 모습을 지켜보았습니다. 그 모든 활동에는 관통하는 큰 줄기가 있었습니다. 이는 대한민국의 미래 발전이었습니다. 과거에 얽매이거나 현재의 안락에는 큰 관심이 없으셨습니다. 남들은 놓치고 있는 우리나라의 미래 발전에 필요한 일들에 대해 늘 관심을 갖고 온 마음으로 추진하셨습니다.

지금 이상희 장관님은 곁에 없지만 항시 주장하시던 말씀과 모습은 생생합니다.
더욱 그립습니다.
사랑합니다.

선각자의 눈빛, 낭만의 기억

이영철(해금광고 회장)

저와 고(故) 이상희 장관님의 인연은 1970년대 후반 금정산 등산 모임에서 시작되었습니다. 그때부터 장관님은 언제나 따뜻하고 친화적인 모습으로 사람들을 이끌어 주셨습니다.

1980년대 초, 서면 로터리 인근 건물에 "녹색삶의 길잡이 이상희"라는 큰 현수막이 걸렸던 기억이 아직도 선명합니다. 당시에는 국민들이 먹고살기조차 힘든 시절이라 '지금이 어느 때인데 무슨 녹색삶이냐'는 이야기가 많았지만, 돌이켜보면 장관님은 이미 다음 세대를 위한 미래를 내다보고 계셨던 것이었습니다.

장관님은 늘 시대를 앞서가셨습니다. "군사를 총칼로 키우는 시대는 지났다. 이제는 IT전문 백만 대군을 양성해야 한다", "전자정부를 만들어야 한다"는 말씀을 하셨을 때, 저는 그 혜안을 따라가기도 벅찼습니다. 또 과학 대통령으로 출마하여 정치와 사회를 근본적으로 바꾸어보겠다는 결심도 보여주셨습니다. 지금 돌이켜보면 모두가 앞서간 통찰이었습니다.

장관님은 특유의 유머와 지혜로 사람들을 설득하셨습니다. 과거 장관 시절 대통령께 직보할 때의 일화를 들려주신 적이 있습니다. 먼저 가벼운 이야기로 분위기를 풀고, 대통령의 기분이 좋아진 순간 본론을 꺼내면 바로 서명도 받고 고개를 끄덕여 주셨다는 것입니다. 그 이야기를 나누며 함께 웃었던 기억이 지금도 떠오릅니다. 그래서인지 장관님이 어떤 중요한 직책을 맡으셔도 일이 술술 잘 풀리셨던 것 같습니다.

함께 운동을 할 때면, 장관님은 골프 기본기를 배우지 않고 바로 필드에 나가셨던 탓에 독특한 자세로 공을 치셨는데, 스스로 그것을 "로켓 발사 3단 타법"이라 부르며 호탕하게 웃으시던 모습이 지금도 눈에 선합니다. 운동하러 가실 때면 "로켓 발사하러 가자"라고 농담을 건네시곤 했습니다. 부산에 계실 때는 광안동 바닷가 오피스텔에서 생활하시며 지인들과 자주 어울리셨고, 운동을 하실 때면 제가 늘 모시고 함께 나가곤 했습니다. 발목에 모래주머니를 차고 다니시며 "발을 무겁게 하면 운동이 더 된다"고 하시던 모습도 기억납니다. 벗어 놓으시면 마치 날아갈 듯 가볍다고 웃으시던 장관님의 모습이 아직도 눈앞에 아른거립니다.

돌이켜보면 장관님은 시대를 앞서간 선각자이셨고, 동시에 누구와도 쉽게 어울리며 사람들을 편안하게 만드는 큰 어른이셨습니다.

지금도 그 환한 모습과 따뜻한 웃음이 그립습니다. 장관님께서 계신 하늘나라에서도 여전히 "로켓 발사"를 하시며 환하게 웃고 계실 것이라 믿습니다.

과학입국의 뜻을 가르쳐주신 스승, 이상희 장관님을 그리며

박능후 (전 보건복지부장관)

이상희 장관님과의 첫 만남은 1981년 겨울, 눈 내리던 12월로 거슬러 올라갑니다. 스물다섯의 풋풋한 대학원생이던 저는, 서른셋의 패기 넘치는 초선 국회의원을 처음 뵈었습니다. 같은 학교의 선후배라는 인연으로 마주했지만, 그 만남은 제 삶의 궤적을 바꾸어 놓은 운명적인 순간이었습니다. 두려움조차 모르던 청년과, 과학입국의 큰 뜻을 품고 불꽃같이 앞서가던 지도자의 만남이었습니다.

그날 이후 장관님께서 제게 맡기신 과업은 무겁고도 숭고한 것이었습니다. 한국 복지정책의 뿌리가 될 복지이념의 정립, 그리고 나라의 미래를 이끌 첨단기술개발 전략의 설계였습니다. 장관님은 이미 1980년대 초반, '실리콘', '유전공학', '환경문제'를 시대의 화두로 던지셨습니다. 훗날 이 주제들은 반도체, 바이오헬스, 환경정책으로 이어지며, 대한민국 산업 발전의 거대한 기둥이 되었습니다. 저는 이때의 배움을 밑거름 삼아 학자의 길에 들어섰고, 오늘까지도 그

가르침의 빛 속에서 나아가고 있습니다.

　장관님의 일하는 모습은 언제나 남달랐습니다. 단순한 해결이 아니라 수많은 대안을 그려내고, 각각의 장단점을 헤아린 뒤 가장 바른 길을 찾으셨습니다. "적당히는 없다, 세계 최고의 작품을 만들어야 한다"는 말씀이 장관님의 좌우명이었습니다. 책상에만 머물지 않고 현장을 찾아 전문가와 실무자의 목소리를 귀담아 들으셨고, 낯선 학문도 두려움 없이 흡수하는 열린 마음으로 시대를 앞서 나가셨습니다.

　문과 출신이던 저에게 과학 보고서 작성은 버거운 과업이었지만, 장관님은 늘 따뜻한 격려와 신뢰를 보내주셨습니다. 식사 자리에서, 산책길 위에서, 영화관의 어둠 속에서도 아이디어를 주고받으며 함께 배우셨습니다. 고된 일도 장관님 곁에서는 즐거운 여정으로 바뀌었습니다. 그것은 사람을 붙드는 힘, 함께 가고 싶게 만드는 마력 같은 것이었습니다.

　비록 조교이자 연구원으로 모신 시간은 1년 남짓이었지만, 그 인연은 평생을 이어갔습니다. 제 결혼식에서는 주례로 서 주셨고, 유학길에는 친히 추천서를 써 주셨습니다. 공직에 나서기 전 청문회를 앞두고는 "공익과 국리민복을 우선하라"는 마지막까지 변함없는 가르침을 주셨습니다.

돌이켜보면, 장관님은 제 삶과 학문, 그리고 공직의 길에 깊이 스며 계십니다. 제게는 스승이자 주례자이자 길잡이셨고, 이 나라에는 과학입국의 불씨를 지핀 선각자이셨습니다. 그 은혜와 가르침을 되새기며, 남은 길에서도 장관님께서 평생 추구하신 이상을 잊지 않고 이어가겠습니다.

늘 꿈꾸는 사람의 설득력

조갑제(조갑제닷컴 대표)

　이상희(李相羲) 전 장관을 생각하면 늘 웃는 얼굴, 늘 소년 같은 생각, 늘 꿈꾸는 사람의 이미지가 떠오릅니다. 1980년대 후반 故人이 집권 민정당의 전국구 국회의원으로서 과학기술 분야에서 활약하고 있을 때부터 만났으니 약 40년에 걸친 인연입니다. 1980년대 월간조선은 거의 反정부 언론으로 분류될 정도로 전두환 정부에 비판적이었는데 그런 가운데서도 격의(隔意) 없이 만날 수 있었던 분이었습니다. 기자들 사이에 그는 정치적 성향을 떠나 오로지 국가를 위해 私心 없이 일하는 의원이란 평이 나 있었습니다. 민족문화대백과사전을 검색하면 고인이 국회의원으로 재임한 기간에 100여 건이 넘는 법안 발의에 참여하였으며 과학기술 법안은 60여 건에 이르는 것으로 적혀 있습니다. 성립된 법안으로는 유전공학 육성법, 대체에너지 개발 촉진법, 뇌 연구 촉진법, 항공우주산업개발 촉진법 등이 있습니다.

과학기술 분야는 종사자의 특성상 대통령과 정치인들이 도와주지 않으면 힘을 쓰지 못하는데 이상희 전 장관은 2002년 한나라당 대통령 후보 경선에 '과학경제 대통령'의 비전을 내세우며 출마한 적도 있습니다. 승패보다는 과학에 대한 관심을 촉구하기 위한 것이었습니다.

그가 노태우 정부 출범 직후인 1988년 과기처 장관으로 임명되었을 때는 소련 및 동구 공산권이 무너지기 시작한 때였습니다. 그때 만난 고인은 "이런 기회를 이용하여 소련의 과학기술을 헐값에 도입하여야겠다"라는 꿈을 이야기하고 있었습니다. 故人을 만나면 話題가 바다에서 우주로, 실험실에서 군대로 오고 가면서 여기저기 날아다녔습니다. 1995년 무렵엔 이스라엘의 과학과 군대와 교육에 관심이 많아 주한(駐韓) 이스라엘 대사와 대담(對談)을 갖기도 했습니다. 늘 낙천적인 故人은 자신만의 건강법을 자랑하기도 했는데 너무 일찍 별세한 것은 충격이었습니다.

그에게 가장 어울리는 조직은 한국우주소년단일 것입니다. 우주의 신비에 빠진 어린이 같은 어른이었습니다. 1989년에 만든 이 조직이 이름은 한국과학우주청소년단으로 바뀌었지만 단원이 4만 명, 누적 단원은 약 110만 명이라고 합니다.

저녁에 그와 약속이 있다고 하면 기다려지는 사람이었습니다. 고인이 70대 후반이던 때 마지막으로 만났을 때도 그는 꿈을 꾸고 있었습니다. 그가 그때 설명한 과학기술 이야기의 내용은 기억이 나지 않는데 그 나이에도 하루하루의 삶을 재미있어하던 표정은 잊을 수가 없습니다.

그는 2017년 팔순을 맞아 《대통령 생각 요리법》이란 책을 펴내 역대 4명의 대통령들에게 국정 아이디어를 제공, 채택된 비화를 소개하기도 했습니다. 고인은 "대통령 설득에 중요한 밑천은 솔깃한 이야기이다. 1분 내 웃게 만들지 못하면 꽝이다"고 했습니다. 한국발명진흥회 회장 때는 김대중 대통령에게 '1국민 1발명'을 위한 본거지로서 발명진흥회 회관을 짓도록 건의하여 성사되었고, 김영삼 대통령에겐 광주문제 해결책의 하나로 광주과학기술원을 설립하도록 했으며, 전두환 대통령에겐 간염백신 개발에 4,000억 원을 투자하도록 했고, 노태우 대통령에겐 항공우주산업 육성법 제정을 건의, 방위산업 발전을 뒷받침했다고 합니다. 고인의 맑고 순수한 마음이 대통령을 움직인 가장 큰 설득력이었을 것입니다.

영재교육의 선구자와 함께한 30년

문정화(전 한국영재학회 부회장, 교육심리학 박사)

"저는 이상하고 희한한 생각으로 가득 찬 이상희입니다."
스스로 이렇게 소개하시던 이상희 박사님은 답을 찾는 것보다 더 좋은 질문을 던지는 것이 중요하다며 〈다빈치 대회〉를 만들어 내셨던 분입니다. 우리 영재학회 회원들 역시 처음부터 그분을 '장관님'이라기보다 '박사님'으로 부르며 더 가까이 모셨습니다.

1991년 1월, 박사님을 회장으로 모시고 한국영재학회를 창립할 수 있었던 것은 우리 모두에게 큰 영광이었습니다. 박사님의 구상과 지도에 따라 한국영재학회는 일반 학회와 달리 과학기술처 산하 사단법인으로 등록하여, 영재교육법 제정과 국제학술대회 개최 등에서 공식적·법적 지위를 확보할 수 있었습니다. 또한 학부모·전문가·교수·교육 종사자 등 다양한 이들이 함께하는 열린 학회로 자리매김할 수 있었습니다.

박사님은 10여 년 동안 초대 회장으로서 학회가 자리를 잡아가는 과정에 든든한 리더가 되어 주셨습니다. 그 후로도 영재교육의 발전을 위해 끊임없이 함께 고민하시고 이끌어 주셨습니다. 30여 년의 기억을 되돌아보면, 박사님은 언제나 몇 걸음 앞서 계셨습니다. 그 폭넓은 시야와 기발한 발상 앞에서 우리는 늘 "어떻게 그런 생각을 하실까?" 하고 놀라곤 했습니다.

1994년 제3회 아시아태평양 영재학술대회를 성공적으로 개최하시고, 1999년 영재교육진흥법 제정을 직접 진두지휘하시던 모습은 지금도 잊을 수 없습니다. "죽는 날까지 일하다 죽는 게 내 희망"이라고 하시던 말씀처럼, 박사님의 열정은 끝까지 식지 않았습니다.

비록 그분의 열정과 기발함을 다 따라갈 수는 없지만, 그 정신은 우리 마음속에 영원히 살아 숨 쉬며, 앞으로도 한국 영재교육의 길을 비추어 줄 것입니다.

깊은 감사와 존경을 담아, 고인의 명복을 빕니다.

열정과 책임으로 빛난
이상희 선배님 추모 2주기에 부치는 글

유명철(부산고등학교 발전위원회 회장, 경희대학교 석좌교수)

이상희 선배님께서 돌아가셨다는 소식을 들은 것이 엊그제 같은데, 벌써 유명을 달리하신 지 2주기를 맞게 되었다니 세월의 무상함을 깊이 느낍니다.

저는 부산고등학교 4년 선후배의 인연으로 선배님과 특별한 관계를 맺었습니다. 또한 주치의로서 두 차례 수술을 집도하며 수시로 연락을 드리고 만나 뵈었기에 더욱 가까운 사이였습니다. 만날 때마다 창의적인 사고와 넘치는 아이디어, 다재다능함과 박식함이 늘 인상적이었습니다. 부산고등학교 출신 가운데 사회 각계에서 훌륭한 업적을 남긴 분들은 많지만, 선배님처럼 다양한 분야에서 두각을 나타내신 분은 드물다고 생각합니다.

선배님은 이과 출신답게 과학기술 분야에서 특히 많은 업적을 남기셨습니다. 의약, 바이오, 항공우주산업, 에너지, 환경, 기후, 영재

교육 등 다방면에서 중요한 역할을 하셨고, 각 분야의 핵심 요직을 두루 거치셨습니다. 책임감 또한 남달라, 다리 수술을 받으신 직후 절대 안정이 필요함에도 불구하고 중요한 회의에 꼭 참석해야 한다며 석고붕대를 한 채 목발을 짚고서라도 회의에 나가겠다고 간청하시던 모습이 지금도 떠오릅니다. 노년에는 녹색환경 분야에 심혈을 기울이며 여전히 왕성한 활동을 이어가셨습니다. 가끔 사무실로 찾아뵐 때면, 회의를 주재하고 많은 분들과 토론하시던 선배님의 열정적인 모습이 아직도 눈에 선합니다.

이제 2주기를 맞아 선배님께서 이루신 대한민국 과학기술 발전을 다시금 기리며, 함께했던 아름다운 추억들을 오래도록 간직하고자 합니다. 살아생전 열정적으로 바쁘게 활동하시던 모든 일들을 이제는 내려놓으시고, 하늘나라에서 편히 쉬시기를 기원합니다. 선배님, 사랑합니다.

故 이상희 회장님 서거 2주년 기념 추도사

김명신(아시아변리사회 명예회장, 전 대한변리사회 회장)

故 이상희 회장님은 4선의 국회의원과 국회 과학기술정보통신위원장, 과학기술처 장관, 과학기술재단 이사장, 국가과학기술자문회의 위원장, 한국발명진흥회 회장, 국립과천과학관장, 헌정회 국가과학기술자문회의 의장 등을 역임하시면서 창조적이고 열정적인 삶으로 우리나라가 과학기술 강국이 될 수 있는 초석을 다지셨습니다.

'항공우주산업 육성법 제정'과 '항공우주연구원의 설립', '광주 바이오산업 연구단지의 조성'과 '생명과학연구원의 설립', '해양수산 발전기본법', '신에너지 및 재생에너지 개발 이용촉진법', '전자상거래특별법', '이러닝산업 발전법' 및 '기초과학연구지원법의 제정' 등 우리나라 과학기술 발전을 위하여 수많은 업적을 남기셨으며, 특히 사이버 전쟁에 대비하기 위한 10만 해커 양성 주장은 아직도 우리에게 큰 메아리가 되고 있습니다.

당신께서는 변리사로서도 저와 함께 지식재산 업계의 발전을 위한 많은 공적이 있으시지만, 대표적인 업적을 정리하여 봅니다.

먼저 1998년에 저희 후배들이 법원조직법을 개정하여 고등법원급의 특허법원을 설립하는 운동을 전개할 때도 부단한 지도 편달로 국제적으로 손색없는 특허법원이 설립되어 변리사가 특허법원에서 소송대리를 할 수 있게 되었으며, 6년간 대한변리사회 회장직을 수행하시면서, 임의단체로 전락하였던 대한변리사회를 법정 단체로 회복시켜, 대한변리사회가 공익을 위해 제 역할을 할 수 있도록 하신 업적은 우리 모두에게 영원히 기억될 것입니다.

나아가 천연자원이 없는 우리나라의 국가생존 전략으로서 우리나라의 지식재산제도의 큰 틀을 재정비하고자 사단법인 지식재산포럼을 설립하여 저와 함께 공동대표로서 국회에서 법인 인가를 받고, 지식재산기본법을 제정하여 이 법에 따른 대통령 소속의 국가지식재산위원회 신설과 세 차례에 걸친 국가지식재산 정책 5개년계획을 범정부적으로 수립하는 등 많은 업적을 남기셨으며, 특히 좋은 기술은 있으나 자본이 없어 사업을 할 수 없었던 기업들에게 지금까지 무려 10조 원의 금융이 이루어지도록 한 것은 큰 보람으로 생각됩니다.

이외에도 '세계한인지식재산협회의 창립', 변호사의 변리사자격 자동 취득을 폐지하는 변리사법의 개정을 비롯하여, 한국과학기술단체총연합회와 한국예술단체총연합회가 있는 것처럼 우리나라도 지식재산단체총연합회가 필요하다고 말씀하셔서 2017년에 산업재산권과 저작권 관련 64개 단체가 모여 회장님과 제가 창립총회를 주선한 것이 계기가 되어 2020년에 드디어 지식재산단체총연합회가 과학기술정보통신부의 인가를 받아 법인으로 설립되어 지금 활발히 활동할 수 있도록 한 것은 당신의 탁월하신 예지력과 선견지명 덕분이었으며, 이로써 정부가 지식재산에 관한 종합적인 정책을 수립하는 데에 큰 도움을 줄 수 있게 되었습니다.

당신께서는 변호사 자격을 가진 국회 법제사법위원들이 지속적으로 공직자의 이해충돌방지법과 국회법을 위반하고 있는 실태를 한탄하시며, 이에 대 한 대책을 수립하시다가 결국은 변리사의 특허침해소송대리권이 확보되었다는 소식을 듣지도 못하시고 하늘나라로 가셨습니다만, 회장님의 서거 2주년을 맞이하여 저희 후배들은 다시 한번 지식재산 강국을 꿈꾸던 당신의 신념과 용기와 지혜를 본받아 지식재산제도의 발전을 위하여 더욱 매진하고자 다짐하며, 회장님의 평안한 영면을 기원합니다.

지식재산 강국의 초석을 놓으신 이상희 장관님을 기리며

원혜영 (지식재산단체총연합회 공동회장,

웰다잉문화운동 대표, 전 국회의원)

고(故) 이상희 장관님께서는 국가 산업 경쟁력의 핵심이 지식재산권에 있음을 일찍이 간파하시고, 그 중요성을 누구보다 앞서 강조하신 분이셨습니다. 당시에는 다소 생소했던 지식재산권의 개념을 국가 전략의 중심에 세우고 제도화하는 데 크게 기여하셨습니다. 이는 오늘날 우리나라 지식재산권 발전의 든든한 토대가 되었습니다.

장관님은 과학기술과 문화예술, 그리고 법·제도가 긴밀히 연결될 때 나라의 발전이 가능하다는 확고한 신념을 가지셨습니다. 이러한 통찰은 세계한인지식재산협회(WIPA) 창립과 초대 회장으로서의 활동, '지식재산의 날' 제정 추진 등으로 이어졌습니다. 그 결과, 한국은 세계 특허 강국으로 도약할 수 있는 제도적·정신적 기반을 다질 수 있었습니다.

저희 지식재산단체총연합회 또한 "문화예술과 과학기술이 함께 길을 걷는다"는 취지 아래 출범하며, 장관님께서 열어주신 길 위에서 국가 경제와 사회 발전을 위한 지식재산 생태계를 가꾸어 가고 있습니다.

오늘 우리가 누리고 있는 지식재산 환경과 성과들은 장관님의 선구적 혜안과 헌신이 있었기에 가능한 것입니다. 장관님의 깊은 통찰과 업적을 기리며, 지식재산 강국의 길을 이어가는 일에 저 역시 최선을 다하겠습니다.

장관님의 명복을 빌며, 남기신 정신은 앞으로도 우리 모두의 마음속에서 길이 살아 있을 것입니다.

과학기술 강국의 뜻을 이어

이원욱(전 국회의원, 전 국회 과학기술정보통신위원회 위원장)

고(故) 이상희 장관님과의 인연은 제 정치 여정 속에서 특별한 의미로 남아 있습니다.

2016년 총선에서 재선에 성공한 직후, 오랫동안 저의 후원회장을 맡아주셨던 정세균 의원님께서 국회의장으로 선출되셨습니다. 국회의장은 정치인의 후원회장을 맡을 수 없었기에, 그 시점부터는 새로운 후원회를 꾸려야 하는 상황이었습니다. 그즈음, 제 눈길은 늘 열정과 헌신으로 과학기술의 미래를 고민하시던 이상희 장관님께 향했습니다.

초선 시절 지식경제위원회에서 활동할 때, 변호사와 변리사의 공동대리를 도입하고자 여러 현안을 다루며 장관님을 여러 행사에서 뵈었습니다. 당시에도 장관님은 여전히 뜨거운 열정을 지니시고 대한민국 과학기술 발전을 위해 헌신하고 계셨습니다. 그 모습은 저에게 깊은 울림을 주었고, 자연스레 존경과 신뢰로 이어졌습니다.

특히 장관님께서 세우신 '녹색삶지식경제연구원'이라는 연구소 명칭은 제게 큰 감동을 주었습니다. 환경과 지식경제의 중요성이 지금처럼 보편적으로 받아들여지지 않던 20여 년 전에 이미 그러한 이름을 붙이셨다는 사실은, 장관님의 탁월한 통찰력과 앞선 비전을 보여주는 것이었습니다.

사실, 민주당 소속의 국회의원이 과거 보수 정당 출신의 전직 장관께 후원회장을 부탁드린다는 것은 결코 쉬운 일이 아니었습니다. 그러나 대한민국 과학기술의 미래를 누구보다 중요하게 생각한다는 공통의 신념이 있었기에 가능했습니다. 제가 간곡히 부탁드렸을 때 장관님께서는 흔쾌히 수락해 주셨고, 그 순간은 지금도 제 마음에 큰 울림으로 남아 있습니다.

장관님은 저에게 정치적 후원자이자, 시대를 내다보는 선구자였으며, 국가와 사회를 위해 헌신하는 지도자의 모범을 보여주신 분이셨습니다. 2주기를 맞이하며, 장관님께서 남기신 정신과 발자취를 다시금 깊이 기리며, 부디 평안히 영면하시기를 기원합니다. 장관님께서 꿈꾸셨던 과학기술 강국과 녹색의 미래사회를 우리 모두가 이어가겠습니다.

국가 비전을 나눈 벗,
이상희 장관님을 추모하며

정갑윤(한국교직원공제회 이사장,
지식재산단체총연합회 공동회장, 전 국회부의장)

고(故) 이상희 장관님과 저는 학교는 달랐지만, 부산고와 경남고 출신의 공학을 전공한 덕분에 소통이 잘되는 관계였습니다. 장관님과는 늘 과학기술을 국가 발전의 원동력으로 삼아야 한다는 큰 뜻을 나눌 수 있었습니다. 제가 장관님을 만나 과학 발전은 물론 나라의 미래를 걱정할 수 있었다는 것은 큰 행운이었습니다.

장관님은 원자력의 안전성과 지속 가능성을 강조하시며, 특히 소형 모듈 원자로(SMR) 개발과 활용의 필요성을 일찍부터 역설하셨습니다. SMR이야말로 안전성과 경제성을 동시에 확보할 수 있고, 조선산업·방위산업 등 다양한 산업 분야와 접목될 수 있는 미래 에너지 대안이라는 확고한 신념을 갖고 계셨습니다. 저 또한 의정 활동을 하며 조선산업과 SMR의 결합, 양성자 가속기 사업, 방사선 처리시설 유치 등 지역과 국가의 미래를 위해 연구개발 과제들을 추진하면서 장관님과 많은 의견을 나누었습니다.

장관님은 늘 시대를 앞서가는 선구자였습니다. 기초과학의 진흥에서부터 대체에너지 개발, 첨단 과학기술 육성에 이르기까지, 국가 미래를 위해 어떤 길을 열어야 할지를 명확히 제시하셨습니다. 저와 함께할 때는 "국가가 진정으로 발전하기 위해서는 중후장대 산업만으로는 한계가 있다. 새로운 과학기술과 R&D가 미래를 결정한다"는 말씀을 자주 하셨습니다. 그 말씀은 지금도 제 마음속에 깊이 남아 있습니다.

장관님의 삶은 과학기술로 국가를 살리고, 더 안전하고 지속 가능한 미래를 열겠다는 일념의 연속이었습니다. 저 역시 국회의원으로서 지역과 국가를 위한 산업 비전을 구상할 때마다, 장관님께서 보여주신 그 안목과 철학에서 많은 영감을 받았습니다.

이제 장관님을 떠나보내고 2주기를 맞으며, 함께 나누었던 대화와 가르침을 다시 떠올립니다. 장관님께서 강조하셨던 과학기술과 산업의 조화, 그리고 R&D를 통한 국가 경쟁력 확보라는 큰 뜻은 우리 후배들이 이어가야 할 가장 소중한 유산입니다.

장관님의 명복을 빌며, 남기신 정신이 우리 산업과 과학기술의 발전 속에서 길이 살아 숨쉬기를 기원합니다.

명석한 두뇌,
영롱한 눈빛을 기억하며

이수원 (리인터내셔널IP & Law 상임고문,
전 기획재정부 재정차관보, 특허청장)

제가 이상희 장관님을 처음 뵌 것은 2010년이었습니다. 당시 저는 특허청장이었고, 장관님은 변리사회 회장으로 계셨습니다. 그분에 대한 첫인상은 언제나 세상의 모든 일에 흥미롭고 재미있어하시는 듯한, 호기심으로 가득한 표정을 지닌 분이라는 것이었습니다. 마치 세상의 모든 사안이 탐구와 학문의 대상인 듯 바라보시는 장관님의 얼굴에는 열정과 생기가 넘쳤습니다.

그 모습은 마치 제 손주가 다섯 살 무렵 기분 좋을 때 보이는 표정과도 닮아 있었습니다. 세상 모든 것이 새롭고 흥미로워서 저절로 웃음이 지어지는, 그런 눈빛이었습니다. 저는 그런 장관님의 눈빛을 보며 '이 어른은 반드시 큰일을 이루실 분이구나'라는 생각을 자주 했습니다.

어느 날 오찬 자리에서 장관님은 "이 청장, 내 다리 좀 만져봐" 하시며 다리에 모래주머니를 차고 계셨습니다. '이게 얼마나 좋은 줄 아나? 좋아진다니까' 하시며 웃으시던 모습이 지금도 눈에 선합니다. 마치 어린아이처럼 해맑게 웃으시며 "재미있다, 죽겠다" 하시던 장관님의 표정은 제게 두뇌 명석하고 영롱한 아인슈타인과 같은 분이라는 확신을 주셨습니다.

저는 마라톤을 좋아하여 매년 풀코스를 두 차례 완주하곤 합니다. 장관님은 직접 마라톤을 하시진 않았지만, 마라톤에 대한 해석은 누구보다 깊으셨습니다. 장관님은 암세포는 사실 반란세포라고 말씀하시곤 했습니다. 위장 벽에서 지장을 만들어야 하는 세포가 다른 장기로 옮겨가듯이, 영문도 모른 채 반란을 일으키는 것이 암세포라는 것입니다. 그러면서 전쟁과 국가 위기에도 비슷한 원리가 적용된다고 하셨습니다. 평소에는 배반하지 않을 것 같던 사람도 애국자가 되기도 하고, 반대로 평생 충직하던 이가 위기 상황에서는 흔들릴 수 있다는 뜻이었습니다.

"마라톤이란 몸을 비상사태로 오래 두었을 때, 과연 지탱할 수 있는가를 확인하는 과정이다. 일이란 결국 그와 같다." 늘 장관님은 이렇게 구체적인 비유로 인생을 설명해 주셨습니다. 그 말씀들은 제게 언제나 구제의 가르침처럼 다가왔습니다.

항상 호기심 많고, 열정 넘치며, 즐겁게 세상을 살아가셨던 장관님이 그립습니다.

크게 생각하고 늘 깨어있어라

임두원 (과천과학관 첨단기술과장)

　장관, 국회의원까지 지내신 원로분께 과학관 관장 자리를 부탁드리는 것은 큰 결례가 아닐까? 한국에도 세계적인 과학관 하나쯤은 있어야 하지 않겠냐며 뜻을 모은 과학계 대표들은 한동안의 망설임 끝에 이상희 전 장관님께 간곡히 모시고자 하는 뜻을 전달하기로 했습니다. 그리고 그 영광스러운 일을 제가 맡게 되었습니다. 떨리는 마음으로 장관님을 처음 뵙던 날이 지금도 생생히 기억납니다.

　이상희 관장님을 모시고 정말 하루하루 바쁘게 보냈습니다. 지나고 보니 제 인생에서 그처럼 열심히 살았던 적은 또 없었던 것 같습니다. 하지만 그러한 부지런함도 과학에 대한 관장님의 열정에 비하면 정말 보잘것없었습니다. 관장님은 항상 제게 글짓기 과제를 많이 내주셨습니다. 그리고 제가 밤새워 쓴 글을 함께 읽으며 그 주제를 함께 고민해주셨습니다. 저는 한참이 지난 후에야 관장님이 제게 가르치고 싶어하셨던 것이 무엇인지를 깨닫게 되었습니다. 크게 생각하고 늘 깨어있어라.

관장님께서 늘 말씀하셨던 과학 강국 한국의 미래를 위해 저는 여전히 뛰고 있습니다. 비록 관장님의 부재를 늘 아쉬워하지만, 남겨주신 고귀한 가르침이 있어 그것에 의지하고자 합니다. 크게 생각하고 늘 깨어있어라. 힘이 들고 때로는 포기하고 싶어지는 날에도 저는 이 가르침을 되새길 것입니다.

머물지 않고 앞으로 나아가게 힘을 주신 관장님.
보고 싶습니다.

백발의 신사, 창의와 열정의 아이콘, 故 이상희 장관님을 기리며

김호원(전 특허청장)

고(故) 이상희 장관님의 추모집 발간을 진심으로 축하드립니다. 오늘의 대한민국을 움직이는 힘의 상당 부분은 바로 그분의 혜안과 헌신에서 비롯되었습니다.

장관님께서는 늘 과학기술과 지식재산권, 그리고 기술사업화라는 시대적 과제에 깊이 천착하셨습니다. 산업기술과 지식재산 정책 분야에서 20여 년 넘게 후배들과 함께 토론하시고, 글을 쓰시고, 직접 정책을 이끌어가셨습니다. 그 과정에서 남기신 발자취는 우리 과학기술사의 중요한 기억이 되었고, 후배들이 그 길을 따르는 이정표가 되었습니다.

기술사업화 초기, 많은 이들이 "이론은 있어도 방법은 없다"는 회의적인 이야기를 하던 시절, 장관님께서는 "연구는 끝이 아니라 시작"이라 말씀하시며 연구 성과를 국가경쟁력으로 연결하는 구체적

정책과 제도를 고민하셨습니다. '기술이전', '지식재산 기반 창업', 'R&D 성과의 사업화'와 같은 개념은 장관님의 혜안과 실천에서 비롯되었음을 기억합니다.

그러나 무엇보다 장관님의 삶을 특별하게 만든 것은 백발의 신사다운 겸허한 품격과, 헌신과 봉사의 철학이었습니다. 언제나 공공의 가치를 먼저 두셨고, 후배 세대를 위한 환경을 늘 중요하게 여기셨습니다. 말보다 행동으로 보여주시며 사회와 국가를 위해 기꺼이 자신을 내어놓으셨던 장관님의 삶은 지금 우리에게 큰 울림으로 남아 있습니다.

우리는 이제 그분을 직접 뵐 수 없지만, 남기신 지혜와 따뜻한 격려, 그리고 행동하는 리더십은 앞으로도 많은 이들에게 길이 되어 줄 것입니다.

부디 평안히 영면하시기를 기원하며, 삼가 고인의 명복을 빕니다.

이 책이 나오기까지 도와주신 분들

전종학(세계한인지식재산협회 회장), **이경은**(녹색삶미래연구소 이사장), **주상돈**(아이피데일리 발행인), **이가희**(한국스토리텔링연구원 원장), **이동규**(지식재산단체총연합회 사무총장), **이정훈**(기술보증기금 박사), **박성수**(기술보증기금 박사)

특히, 주상돈 발행인께서는 원고 집필을 맡아 주셔서 이 책의 토대를 마련해 주셨으며, 이가희 원장께서는 출판사 섭외와 감수를 통해 완성도를 높여 주시며, 발간 과정에서 든든한 버팀목이 되어 주셨습니다.

깊은 애정과 헌신으로 함께해 주신 모든 분들께 진심으로 감사드립니다.

영원한 청년 이상희

초판 1쇄	2025년 9월 24일
지은이	(사)녹색삶미래연구소, (사)세계한인지식재산협회
발행인	김재홍
교정/교열	김혜린
디자인	박효은
마케팅	이연실
발행처	도서출판지식공감
등록번호	제2019-000164호
주소	서울특별시 영등포구 경인로82길 3-4 센터플러스 1117호(문래동1가)
전화	02-3141-2700
팩스	02-322-3089
홈페이지	www.bookdaum.com
이메일	jisikwon@naver.com
정가	20,000원
ISBN	979-11-5622-959-9 03500

ⓒ (사)녹색삶미래연구소, (사)세계한인지식재산협회 2025, Printed in South Korea.

- 이 책은 저작권법에 따라 보호받는 저작물이므로 무단전재와 무단복제를 금지하며, 이 책 내용의 전부 또는 일부를 이용하려면 반드시 저작권자와 도서출판지식공감의 서면 동의를 받아야 합니다.
- 파본이나 잘못된 책은 구입처에서 교환해 드립니다.